Gopal Paliwal
Sudhir Bhandarkar

A vida das serpentes

Gopal Paliwal
Sudhir Bhandarkar

A vida das serpentes

Biodiversidade e conservação no leste de Maharashtra

ScienciaScripts

Cover image: www.ingimage.com

This book is a translation from the original published under ISBN 978-613-4-93534-0.

Publisher:
Sciencia Scripts
is a trademark of
Dodo Books Indian Ocean Ltd. and OmniScriptum S.R.L publishing group

120 High Road, East Finchley, London, N2 9ED, United Kingdom
Str. Armeneasca 28/1, office 1, Chisinau MD-2012, Republic of Moldova, Europe
Printed at: see last page
ISBN: 978-620-8-10228-9

CONTEÚDO

Vista da barragem de Navegaobandh do parque nacional de Navegaon, na parte oriental de Maharashtra

Uma grande massagem do lendário naturalista Late Madhavrao Patil no seu repositório na floresta densa de Maharashtra Oriental

PREFÁCIO

A Terra é o único planeta onde o ambiente é vantajoso para uma vida sustentável. Trata-se de um sistema único associado, que inclui o ar, o solo, a água e os fundamentos vivos. Para estudar estes elementos, é necessário estudar as interações, a beleza e o papel que desempenham na Terra.

As serpentes são talvez as criaturas mais incompreendidas e, por conseguinte, mais depreciadas do planeta. A atitude humana em relação a este grupo de animais tem sido estranhamente paradoxal. Ou as adoramos ou as matamos logo à vista. A maioria de nós tem medo delas, mas também as tememos.

Eles próprios são um dos grandes tesouros da vida, incompreendidos, maltratados e atualmente em vias de extinção devido à degradação do habitat ou à interferência humana.

Na região oriental de Vidarbha, em Maharashtra, a maioria da população vive em aldeias e apenas a agricultura é o seu meio de subsistência. A maioria das pessoas não tem instrução e é economicamente pobre. Esta é uma pequena tentativa de atualizar os conhecimentos e desvendar os segredos desta criatura misteriosa.

Esperamos que este pequeno esforço possa ser útil para conhecer este animal e que a comunidade se consciencialize para se proteger primeiro, e também para salvar a vida desta criatura.

As fotografias utilizadas no livro são originais e captadas por nós e também pelo biólogo de campo Shri Ankur Kali. As fotografias foram captadas no Parque Nacional de Navegaon e nos seus arredores, no distrito de Gondia. Estamos especialmente gratos a Shri Ankur Kali pela sua grande cooperação no estudo de campo. Estamos também gratos aos funcionários florestais e amigos pela sua valiosa contribuição para a preparação deste livro.

BIOGEOGRAFIA:

Vidarbha é a região mais oriental de Maharashtra, com as bacias dos rios Wardha, Vainganga e Purna. Compreende a divisão de Nagpur com os distritos (Bhandara, Chandrapur, Gadchiroli, Gondia, Nagpur e Wardha) e a divisão de Amaravti com os distritos (Akola, Amaravti, Buldhana, Washim e Yavatmal). A região é uma extensão montanhosa densamente florestada, entrecortada por tanques artificiais, e possui uma riqueza mineral significativa. É uma das regiões mais diversificadas do Estado no que respeita à biodiversidade. O clima saudável, o relevo montanhoso, a configuração acidentada e a queda brusca de altitude são fenomenais. Localiza-se entre 20,93 74° norte e 77,77 96° leste. Tem uma superfície total de 94.404 quilómetros quadrados. Ocupa 31,6 % da área total e detém 21,3 % da população total de Maharashtra. Faz fronteira com o estado de Madhaya pradesh a norte, Chhatisgarh a leste, Telangana a sul e as regiões de Marathwada e Khandesh de Maharashtra a oeste.

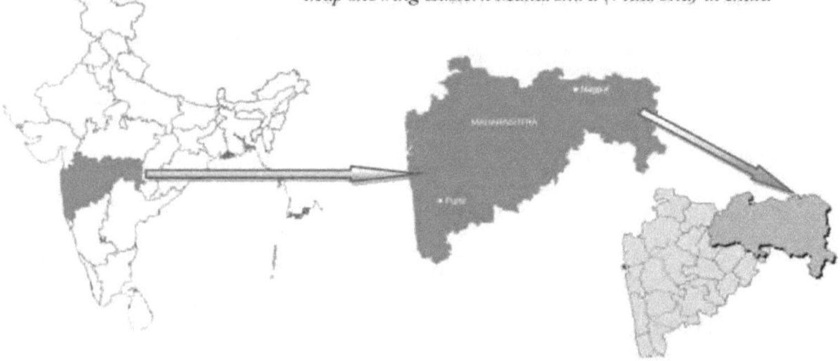

Map showing Eastern Maharshtra (Vidarbha) in India

Uma parte da região, conhecida como Jhadimandal (zona das árvores), estava sob o controlo de um reino Gond (por isso também é chamada Gondwana), e esta zona tem uma grande população de Adivasis (tribos locais). Na região montanhosa dos distritos orientais de Chandrapur e Gadchiroli, vivem comunidades tribais como os bhils, os gonds, os rajgonds, os korkus, os kolams, os banjaras, os pradhaans, os raathyas, os halbaas e os andhraas. A sua subsistência baseia-se na caça e na recolha de plantas, mel e frutos das florestas. Têm culturas distintas e as suas línguas incluem o gondi, o kolami, o chhattisgadi e o marathi.

Clima:

As condições climáticas deste distrito são caracterizadas por um verão quente, precipitação bem distribuída durante a estação das monções do sudoeste e tempo geralmente seco durante o resto do ano. A estação fria decorre de dezembro a fevereiro. A precipitação média nesta região é de 795,7 mm. Durante o verão, a temperatura máxima média diária é de 44,2° C e a mínima de 26,7° C, enquanto no inverno a temperatura máxima média diária é de 27,8° C e a mínima de 14,9° C.

Principais espécies faunísticas:

Alguns dos animais que podem ser observados nas florestas de Vidarbha são o tigre, o gaur, o leopardo, o cão selvagem, o nilgai, o urso-preguiça, o sambar, o chital, o javali, a chousinga, o langur de Hanuman, a raposa, o chacal, o porco-espinho, o gato selvagem, a lebre de bico preto, o mangusto, o pato-negro, a hiena listrada e outros. O lagarto-monitor e uma grande variedade de répteis também se encontram nesta região. Em 1994, foi observado um Loris delgado no furo de água de Sulezari, no Parque Nacional de Navegaon. Este animal é normalmente visto nas florestas do sul da Índia.

Os distritos de Chandrapur e Gadchiroli desta região fazem parte de Gondwana, uma região povoada pelas tribos Gond, Gowari e outras. Os distritos de Bhandara e Gondia são conhecidos como os distritos dos tanques, cujas águas são utilizadas principalmente para a agricultura e também para práticas de aquicultura, uma vez que estes tanques de água albergam uma grande quantidade de peixes. O parque nacional de Navegaon, no distrito de Gondia, destaca-se pela sua variedade de aves, sendo o local de invernada de uma série de espécies migratórias.

Áreas Protegidas (APs):

Quatro dos cinco parques nacionais de Maharashtra são o parque nacional de Gugamal, o parque nacional de Nawegaon, o parque nacional de Pench e o parque nacional de Tadoba, situados em Vidarbha. Para além destes, oito dos 26 santuários de Maharashtra (Melghat, Andheri, Bor, Chaprala, Katepurna, Nagzira e Painganga) situam-se igualmente em Vidarbha e a sua superfície combinada é de 2587,19 km2 . Para além disso, sete dos nove santuários declarados pelo Governo de Maharashtra - Ambabarva (Buldhana), Tipeshwar (Yavatmal), Dnyanganga (Buldhana), Bhanragad (Gadchiroli), Karnala (Akola), Vaan (Amaravati) e Umred Karandla (Bhandara e Nagpur) - situam-se em Vidarbha e cobrem um total de 897,70 km quadrados.

Maharashtra protege legalmente a sua população de tigres através de seis reservas de tigres dedicadas, sob a alçada da Autoridade Nacional de Conservação do Tigre, no âmbito da iniciativa "Project Tiger". É importante referir aqui que, do total das seis reservas de tigres, cinco situam-se na região de Vidarbha (Melghat, Tadoba, Pench, Nawegaon Nagzira, Bor), cobrindo uma área de 7 949 quilómetros quadrados.

Tipos de floresta:

Vidarbha tem três tipos de florestas de acordo com a classificação de Champion & Seth. Cada tipo de floresta representa um ecossistema único.

Florestas tropicais húmidas decíduas do sul: Dois subtipos principais ocorrem neste grupo.

Florestas húmidas de teca:

As florestas importantes e valiosas do Estado, do ponto de vista comercial, estão principalmente confinadas à zona do projeto tigre na região de Melghat, no distrito de Amaravti, nos distritos de Chandrapur e Gadchiroli, com *Tectona grandis* (teca), os associados são *Terminalia tomentosa* (Ain), *Delbergia latifolia* (Shisham), *Adina cadifolia* (haldu), *Madhuca indica* (Moha), *Pterocarpus marsupium* (Bija), *Mitragyna parviflora* (Kalam), *Salmalia malabaricum* (Semal) e *Dendrocalamus strictus* (Bambu), etc.

Florestas mistas de folha caduca húmidas:

A teca está presente ocasionalmente e a componente perene das espécies é maior do que no caso das florestas com teca. As principais espécies são a Bija,

Semal, Behada, Shishum, *Syzigium cumini* (Jambul), Ain, *Lagerstremia parviflora* (Bendara), etc.

Florestas tropicais decíduas secas do sul:

As florestas deste grupo ocupam uma parte importante do Estado. Sendo a teca a principal espécie, estas florestas produzem madeira de média e pequena dimensão. Subdivide-se novamente em floresta seca de teca e floresta mista seca. As principais espécies são a teca, *a Qugeinia dalbergioides* (Tiwas), *a Acacia catechu* (Khair), *a Gmelania arborea* (Shivan) e *a Ahogeissus latifolia* (Dhawada).

Florestas de espinhos tropicais do sul:

Este tipo de floresta abrange todas as florestas das zonas de baixa pluviosidade desta região (Vidarbha). A maioria destas florestas está fortemente degradada devido à baixa fertilidade associada a uma pluviosidade reduzida. As principais espécies de árvores encontradas nestas florestas são *Acasia arabica* (Babul), *Acasia leucophora* (Hiwar), *Zizyphus jujuba* (Ber), *Butea monosperma* (Palas). Estas florestas estão repletas de arbustos de Euphorbia e Casia.

CONCEITO DE RÉPTEIS

As serpentes pertencem à classe Reptilia dos Vertebrados. Entre as quatro classes de vertebrados ou animais, os répteis constituem o elemento intermédio. Evoluíram a partir dos anfíbios, atualmente representados pelas rãs, sapos, tritões e cecílias, e deram origem às aves e aos mamíferos. Os répteis, enquanto grupo, distinguem-se dos anfíbios pela sua pele seca e escamosa, das aves pela ausência de penas e dos mamíferos pela ausência de pêlos. No entanto, uma definição simples de réptil pode não ser adequada para descrever répteis, como as tartarugas de lama, que têm muito poucas escamas para as distinguir de um anfíbio. Todos os animais terrestres que possuem escamas não são necessariamente répteis.

História dos répteis:

A história dos répteis remonta a muitos milhões de anos e, com base em provas fósseis, crê-se que tiveram origem durante o período geológico conhecido como período carbonífero superior, há 300 a 260 milhões de anos, e que dependiam de massas de água para pôr ovos e desenvolver as fases larvares, pelo que não podiam explorar habitats áridos longe de massas de água. Desde então, os répteis têm existido, de uma forma ou de outra, e foram dominantes na Terra entre 140 e 120 milhões de anos, a era Mesozóica da história da Terra. Esta foi a era dos répteis, o período em que floresceram os dinossauros, répteis gigantes cuja variedade, tamanho e capacidade de carga entusiasmaram a imaginação do homem. O maior animal terrestre viveu durante esta época, simbolizado pelo herbívoro gigante, o braquiossauro, com um peso estimado em cerca de 78 toneladas. Os anfíbios ancestrais ao adquirirem algumas alterações anatómicas transformaram-se em répteis terrestres adoptados.

O corpo desenvolveu uma cobertura de escamas epidérmicas para evitar a perda de humidade corporal e as glândulas da pele perderam-se. O crânio torna-se monocondílico para melhorar os movimentos e a flexibilidade, as vértebras atlas e as vértebras axiais são fundidas, permitindo o movimento do crânio em todas as direcções. Os ossos dos membros e as cinturas tornam-se mais fortes, mas os membros estavam ligados aos lados do corpo e o ventre tocava o solo durante o modo de locomoção rastejante. A região sacral envolvia duas vértebras fortes e fundidas para suportar o peso do corpo nas patas traseiras.

Os membros pentadáctilos desenvolveram garras que ajudam a trepar às rochas e às árvores. A respiração pulmonar torna-se mais eficiente. Como estratégia de conservação de água, os rins metanefros excretam ácido úrico que não necessita de água para ser excretado. Os répteis continuaram a ser ectotérmicos, uma vez que o ventrículo não estava completamente dividido por um septo e o sangue misturava-se no coração. A fertilização interna evoluiu com a postura de grandes ovos de casca cleóide em terra. As membranas embrionárias âmnio, alantoide e saco vitelino evoluíram para permitir o desenvolvimento embrionário em condições áridas.

Os répteis modernos, que apareceram durante o período terciário da história da Terra, há cerca de 75 milhões de anos, são apenas fracções do número e variedade que viveram durante a era dos répteis. A ocupação da terra pelos répteis, os primeiros vertebrados terrestres, foi possível graças ao desenvolvimento evolutivo de quatro membranas embrionárias que proporcionam aos embriões o seu próprio ambiente aquático para se desenvolverem.

Uma casca de ovo calcária protege o embrião - as quatro membranas são o córion (saco exterior), cheio de fluido que proporciona o ambiente aquático ao embrião em desenvolvimento, o alantoide, que se desenvolve a partir do intestino posterior do embrião para assegurar a respiração e o armazenamento dos produtos residuais, e o saco vitelino, que armazena o embrião em desenvolvimento. O embrião está bem protegido contra qualquer tipo de choque mecânico por um fluido aluminoso, o que lhe confere uma proteção final contra os perigos do início da vida em terra.

Os répteis são designados por poiquilotérmicos de sangue frio, o que significa que a sua temperatura corporal varia consoante as condições externas. Os répteis têm uma taxa metabólica baixa e, por conseguinte, produzem menos calor. Têm um fraco mecanismo de isolamento e arrefecimento do corpo, uma vez que não possuem glândulas sudoríparas, mas têm uma capacidade considerável para regular a sua temperatura corporal.

A termorregulação nos répteis é uma função comportamental e é conseguida através de uma utilização criteriosa da luz solar disponível. A maioria dos répteis são habitantes dos trópicos, pelo que a regulação da temperatura não constitui um problema. Os répteis que vivem em climas temperados hibernam durante os meses de inverno, da mesma forma; as estações secas muito quentes nos trópicos são enterradas pela estivação.

Os répteis só conseguem sobreviver numa faixa estreita de temperatura ambiente e, mesmo dentro desta faixa, funcionam melhor a temperaturas preferidas específicas da espécie, que se situam entre 20 e 38°C.

Os répteis que atingiram a temperatura óptima permanecem inactivos durante muito tempo, exceto por breves explosões de atividade para funções corporais como a alimentação, o sexo e a segurança.

Forma e tamanho:

Existem três tipos de formas corporais nos répteis. O tipo básico é a forma de lagarto. Os crocodilos, os lagartos-monitores e as osgas são exemplos deste tipo de forma corporal. No segundo tipo, o corpo é alongado e cilíndrico, como em muitos esquilos e em todas as cobras, as pernas podem ser rudimentares ou ausentes. No terceiro tipo, a tartaruga e as tartarugas, o tronco tornou-se rígido e encerrado numa carapaça óssea. Os répteis indianos variam em tamanho, desde o enorme crocodilo estuarino com comprimentos até 7 M e os geckos com menos de 100 mm de comprimento total.

Locomoção:

O movimento em terra e na água é ditado pela forma e tamanho do animal. Os répteis de quatro patas têm o que se pode designar por "andar baixo", com o corpo descaído, ao contrário do crocodilo, que pode andar sobre as suas patas. Os lagartos e as cobras são os únicos répteis que podem trepar e muitos são arborícolas. Alguns lagartos e cobras têm a capacidade de planar no ar.

Sentidos:

Os três principais sentidos da visão, audição e olfato apresentam graus de desenvolvimento variáveis nos répteis. Os olhos estão bem desenvolvidos na maior parte dos répteis, exceto na forma de empréstimo. O sentido da audição está bem desenvolvido nos crocodilos que dispõem de um pavilhão auricular externo. Noutros répteis, quando a orelha está presente, o tímpano está nivelado com a superfície ou numa cavidade ligeiramente afundada. De um modo geral, o sentido da audição é pouco eficaz nos répteis. A acuidade do sentido do olfato dos répteis varia com os seus hábitos de vida. O cérebro dos répteis é pequeno, os répteis têm pouca inteligência.

Alimentação e hábitos alimentares:

A maioria dos répteis são carnívoros, sendo as serpentes exclusivamente carnívoras. Os répteis não são predadores activos, em geral capturando presas que a sua imobilidade torna incautas, mas os lagartos-monitores, as doninhas e um grande número de serpentes procuram ativamente as suas presas. O veneno (peçonha) dos répteis é um meio de captura da presa e um método de defesa. Nenhum dos lagartos indianos é venenoso.

Reprodução:

Como os répteis são os primeiros verdadeiros animais terrestres, introduziram inovações na sua estratégia de reprodução. A maioria dos répteis põe ovos. Os animais que têm uma distribuição alargada têm adaptabilidade e tolerância a uma grande variedade de condições ambientais e podem ser considerados como as espécies mais bem sucedidas de um grupo.

O homem e os répteis:

A maioria dos répteis são úteis e prestam um serviço silencioso ao homem no controlo das pragas agrícolas, tanto insectos como roedores, os répteis como grupo seriam largamente ignorados, exceto algumas cobras nocivas. O maior perigo para este grupo de animais úteis é a procura da sua pele para fins comerciais. Malcolm Smith chamou a atenção, há quase cinquenta anos, para o perigo de extinção que muitas espécies de répteis enfrentam devido a esta causa. O comércio de peles colocou o crocodilo indiano em perigo de extinção. A procura de peles de cobras e lagartos continua a ser uma ameaça constante para a sobrevivência de répteis tão úteis como o lagarto-monitor e a cobra-rato.

Cobras:

As serpentes são répteis carnívoros sem pernas alongadas da subordem das serpentes. As serpentes são vertebrados amniotas ectotérmicos cobertos por escamas sobrepostas. As espécies de serpentes têm um crânio com mais articulações do que os seus antepassados lagartos, o que lhes permite engolir orelhas muito maiores do que as suas cabeças com mandíbulas altamente móveis. As serpentes vivas encontram-se em todos os continentes, exceto na Antárctida. Pensa-se que as serpentes evoluíram a partir de lagartos escavadores ou aquáticos, talvez durante o período Jurássico, com os primeiros fósseis conhecidos datando de 143 a 167 milhões de anos atrás (Perkins, Sid, 2015). A maioria das espécies não é venenosa e as que possuem veneno utilizam-no principalmente para matar e subjugar as presas e não para auto-defesa. Algumas possuem veneno suficientemente potente para causar ferimentos dolorosos ou a morte; as cobras não venenosas engolem a presa viva ou matam por constrição.

Evolução:

O registo fóssil das serpentes é relativamente pobre porque os esqueletos das serpentes são tipicamente pequenos e frágeis, o que torna a fossilização pouco comum. Muitos grupos de serpentes modernas tiveram origem durante o Paleoceno, juntamente com a radiação adaptativa dos mamíferos após a extinção dos dinossauros. A expansão das pastagens na América do Norte também levou a uma radiação explosiva entre as serpentes (Holman, J. Alan, 2000).

Distribuição:

Existem mais de 2900 espécies de serpentes, que se estendem até ao Círculo Polar Ártico, na Escandinávia, e até à Austrália, a sul. As serpentes podem ser encontradas em todos os continentes, com exceção da Antárctida, no mar e a uma altura de 16000 pés nas montanhas dos Himalaias na Ásia (Conant R, Collins J. T., 1991).

Taxonomia:

Na taxonomia de Linnaean, todas as serpentes modernas estão agrupadas na subordem das serpentes, que faz parte da ordem dos squamata, embora a sua colocação exacta dentro dos squamata continue a ser controversa. As duas infra-ordens das serpentes são Alethinophida e Scolecophidia. Esta separação baseia-se em caraterísticas morfológicas e na semelhança da sequência do ADN mitocondrial. Existem numerosos debates sobre a sistemática dentro do grupo, por exemplo; muitas fontes classificam Boidae e Pythonidae como uma única família, enquanto algumas mantêm Elapidae e Hydrophiiidae (serpentes marinhas) separadas, apesar da sua relação extremamente próxima.

Tamanho:

as novas serpentes extintas Titan boa Cerrejonesis encontradas tinham 12,8 m (42 pés) de comprimento (Head et al., 2009) em comparação, as maiores serpentes existentes são a pitão reticulada que mede cerca de 6,95 M (22,8 pés) de comprimento (Frederickson, GM 2005) e a anaconda que mede cerca de 5,21 M (17,1 pés) de comprimento e é considerada a serpente mais pesada da Terra com 97,5 kg (Rivas, Jesus Antanio, 2000)

Perceção:

As víboras, as pítons e algumas jibóias têm receptores sensíveis aos infravermelhos em sulcos profundos no focinho, o que lhes permite ver o calor irradiado por uma presa de sangue quente. As serpentes sensíveis aos infravermelhos têm várias fossas labiais mais pequenas mesmo por baixo das narinas. As serpentes utilizam o olfato para localizar as suas presas, utilizando as suas línguas bifurcadas para recolher partículas transportadas pelo ar, passando-as depois para o órgão vómero-nasal na boca para serem examinadas. Mantêm a língua em constante movimento e recolhem partículas do ar, do solo e da água, analisando os produtos químicos encontrados e determinando a presença de presas ou predadores no ambiente local. Isto permite que as serpentes sejam capazes de sentir a aproximação de animais através da deteção de vibrações fracas no solo. A visão das serpentes varia muito, desde a capacidade de distinguir apenas a luz da escuridão até uma visão aguçada. Geralmente, a visão é melhor nas serpentes arborícolas e mais fraca nas serpentes escavadoras.

Pele:

A pele da serpente está coberta de escamas. As escamas do corpo podem ser lisas ou granulares. A forma e o número de escamas na cabeça, no dorso e no ventre são frequentemente caraterísticos e utilizados para fins taxonómicos. As escamas são designadas de acordo com a sua posição no corpo. Os olhos das serpentes são cobertos pelas escamas e não por pálpebras móveis. Os olhos estão sempre abertos e, para dormir, a retina pode estar fechada ou a face enterrada entre as dobras do corpo.

Muda:

A muda, ou ecdise, tem várias funções. A pele velha e com vermes é substituída por parasitas como os ácaros e as carraças. A muda ocorre periodicamente ao longo da vida da serpente. Antes da muda, a serpente deixa de comer e, muitas vezes, esconde-se ou muda-se para um local seguro. A pele velha rompe-se perto da boca e a serpente sacode-se para fora, ajudada pela fricção contra superfícies ásperas A contagem das escamas pode, por vezes, ser utilizada para determinar o sexo de uma serpente quando a espécie não é nitidamente dimórfica sexualmente.

Órgãos internos:

O coração da serpente está encerrado num saco chamado pericárdio, localizado na bifurcação dos brônquios. O sistema cardiovascular das serpentes também é único pela presença de um sistema portal renal no qual o sangue da cauda da serpente passa pelos rins antes de regressar ao coração (Mader, Douglas, 1995). As serpentes têm corpos tubulares; requerem que todos os seus órgãos sejam longos e finos, na maioria das espécies apenas um pulmão é funcional. Na maioria das espécies, apenas um pulmão é funcional. Muitos dos órgãos que são aparados, como os rins, são órgãos reprodutivos e as serpentes não têm gânglios linfáticos (Mader, Douglas, 1995).

Veneno:

As cobras, víboras e espécies afins utilizam o veneno para imobilizar ou matar as presas. O veneno é saliva modificada, libertada através das presas (Mehrtens JN, 1987). As presas das serpentes venenosas avançadas, como as viperídeas e as elapídeas, são ocas para injetar o veneno de forma mais eficaz. Os venenos das serpentes são específicos para cada presa e o seu papel na autodefesa é secundário (Mehriens, J M 1987). Os venenos das serpentes são misturas complexas de proteínas e são armazenados numa glândula de veneno situada na parte posterior da cabeça.

Em todas as serpentes venenosas, estas glândulas abrem-se através de condutas para dentes sulcados ou ocos no maxilar superior. Os venenos das serpentes podem ser neurotoxinas, hemotoxinas, citotoxinas, miotoxinas, dependendo do modo de ação sobre um sistema de órgãos-alvo. O veneno de quase todas as serpentes contém hialuronidase, uma enzima que assegura a rápida difusão do veneno. As serpentes venenosas são classificadas em duas famílias taxonómicas. Elapídeos - cobras, caranguejos, mambas, cobras do mar e cobras corais. Viperídeos - víboras, serpentes de chocalho, cabeças de cobre, bocas de algodão e serpentes do mato.

Reprodução:

As serpentes utilizam uma grande variedade de modos reprodutivos, todas as serpentes empregam a fertilização interna, a maioria das espécies de serpentes põe ovos. Algumas espécies de serpentes são ovovivíparas e retêm os ovos no seu corpo até que estejam quase prontos para eclodir. A seleção sexual é demonstrada pelas três mil espécies que utilizam tácticas diferentes na aquisição de parceiros (shine, Richard, Langkide, Trace, Mason, Robert T (2004).

Comportamento:

Dormência de inverno:

Nas regiões em que os Invernos são mais frios do que as serpentes podem tolerar, mantendo-se activas, as espécies locais entram em brumas. Os répteis em brumas estão acordados mas inactivos.

Alimentação e dieta:

Todas as cobras são estritamente carnívoras, comendo pequenos animais, incluindo lagartos, rãs, pequenos mamíferos, aves, ovos, peixes, caracóis ou insectos e também cobras mais pequenas. Como as cobras não podem morder ou despedaçar os alimentos, têm de engolir as presas inteiras. O tamanho do corpo da serpente tem uma grande influência nos seus hábitos alimentares.

A mandíbula das serpentes é uma estrutura complexa, com um maxilar inferior muito flexível, cujas duas metades não estão firmemente ligadas, e numerosas outras articulações no crânio, o que lhes permite abrir a boca o suficiente para engolir a presa inteira, mesmo que esta seja maior em diâmetro do que a própria serpente.

Algumas serpentes têm uma mordedura venenosa, que utilizam para matar as suas presas antes de as comerem, outras serpentes matam as suas presas por constrição e algumas engolem as suas presas inteiras e vivas. Depois de comerem, as serpentes ficam dormentes enquanto decorre o processo de digestão. Sendo ectotérmicas (de sangue frio), a temperatura ambiente desempenha um papel importante na digestão das serpentes.

A temperatura ideal para a digestão é de 30°C. A digestão de uma serpente envolve muita energia metabólica. Se a serpente for perturbada depois de ter comido recentemente, regurgitará muitas vezes a sua presa para poder escapar à ameaça sentida. Quando não é perturbada, o processo digestivo é altamente eficiente, pois as enzimas digestivas da serpente dissolvem tudo, exceto os pêlos ou penas e as garras da presa, que são excretados juntamente com os resíduos.

Locomoção:

A falta de membros não impede os movimentos das serpentes, que desenvolveram vários modos de locomoção para lidar com ambientes particulares. Cada modo de locomoção das serpentes é discreto e distinto dos outros, e a transição entre os modos é abrupta (Gray, J. 1946).

Ondulação lateral:

A ondulação lateral é o único e mais comum modo de locomoção das serpentes terrestres e aquáticas. Neste modo, o corpo da serpente flecte alternadamente para a esquerda e para a direita, dando origem a uma série de ondas que se deslocam para trás. A ondulação terrestre-lateral é o modo mais comum de locomoção terrestre para a maioria das espécies de serpentes. Neste modo, as ondas de movimento posterior empurram contra pontos de contacto no ambiente, como pedras, galhos, irregularidades no solo, etc. Cada um destes objectos ambientais gera, por sua vez, uma força de reação dirigida para a frente e para a linha média da serpente, resultando num impulso para a frente, enquanto as componentes laterais se anulam. Ao nadar, as ondas tornam-se maiores à medida que descem pelo corpo da serpente e a onda desloca-se para trás mais rapidamente do que a serpente se desloca para a frente (Gray, J. Lissman, 1953).

Enrolamento lateral:

Mais frequentemente utilizada por cobras colubrídeas (colubrídeos, elapídeos e víboras) quando as cobras têm de se deslocar num ambiente sem irregularidades contra as quais se empurrar. Tal como um lodaçal escorregadio ou uma duna de areia, a ondulação lateral é uma forma modificada de ondulação lateral em que todos os segmentos do corpo orientados numa direção permanecem em contacto com o solo, enquanto os outros segmentos são levantados, resultando num movimento de rolamento peculiar (Jayne, B.C., 1986). Este modo de locomoção supera a natureza escorregadia da areia ou da lama, empurrando com apenas partes estáticas do corpo, minimizando assim o deslizamento.

Concertação:

Quando os pontos de empurrão estão ausentes, não há espaço suficiente para usar o enrolamento lateral por causa de restrições laterais, como túneis, as serpentes confiam na locomoção concertada (Jayne, B.C., 1986). Neste modo de locomoção, a serpente apoia a parte posterior do seu corpo contra a parede do túnel, enquanto a parte da frente da serpente se estende e endireita, a parte da frente foi flexionada e forma um ponto de ancoragem, e a parte posterior é endireitada e puxada para a frente. Este modo de locomoção é lento e muito exigente, chegando a custar até sete vezes mais do que a ondulação lateral ao longo de uma certa distância (Walton M, Jayne, B.C., Bennett, A.F. (1967).

Retilíneo:

O modo mais lento de locomoção da serpente é a locomoção rectilínea, que é também o único em que a serpente não precisa de dobrar o corpo lateralmente, embora o possa fazer ao virar. Neste modo, as escamas do ventre são levantadas e puxadas para a frente antes de serem colocadas no chão e o corpo puxado sobre elas. Este método de locomoção é mais frequentemente utilizado por grandes pítons, jibóias e víboras quando perseguem presas em espaços abertos, uma vez que os movimentos das serpentes são mais difíceis de detetar pelas suas presas desta forma.

Interações com seres humanos:

Mordida:

As serpentes não costumam atacar os seres humanos, a não ser que estejam assustadas ou feridas. A maioria das serpentes prefere evitar o contacto e não ataca os seres humanos. A mordedura das serpentes não venenosas é geralmente inofensiva. Os seus dentes não foram concebidos para rasgar ou infligir uma perfuração profunda, mas sim para arranhar e segurar, embora a possibilidade de infeção e de danos nos tecidos esteja presente na mordedura de uma serpente não venenosa. As serpentes venenosas representam um perigo muito maior para os seres humanos (Metirtens, M. 1987).

A OMS inclui a mordedura de cobra na categoria de outras doenças negligenciadas. As mortes documentadas resultantes de mordeduras de serpentes são pouco frequentes. As mordeduras não fatais de serpentes venenosas podem resultar na necessidade de amputação de um membro ou parte dele. Das cerca de 725 espécies de serpentes venenosas existentes em todo o mundo, apenas 250 são capazes de matar um ser humano com uma mordedura. Na Índia, registam-se 250 000 mordeduras de serpentes num único ano, com cerca de 50000 mortes iniciais registadas (Sinha, Kounteya, 2006). A OMS estima que cerca de 100 000 pessoas morrem anualmente devido a mordeduras de serpentes e que cerca de três vezes mais amputações e outras incapacidades permanentes são causadas por mordeduras de serpentes (OMS). O tratamento da mordedura de cobra é tão variável como a própria mordedura. O método mais comum e eficaz é o anti-veneno (ou antivenina), um soro feito a partir do veneno das serpentes.

Alguns anti-venenos são monovalentes (específicos da espécie), enquanto outros são fabricados para serem utilizados com várias espécies (polivalentes). Para produzir o anti-veneno, uma mistura de venenos de diferentes espécies de serpentes venenosas é injectada no corpo de um cavalo, em doses cada vez maiores, até o cavalo ficar imunizado. O sangue é então extraído do cavalo, o soro é separado, purificado e liofilizado (Dubinsky, I, 1996). Este é reconstituído com água esterilizada e transforma-se em anti-veneno.

Encantadores de serpentes:

Em algumas partes do mundo, especialmente na Índia, o encantamento de serpentes é um espetáculo realizado por um encantador. Nesse espetáculo, o encantador de serpentes transporta um cesto que contém uma serpente que ele parece encantar tocando melodias da sua flauta, um instrumento musical, às quais a serpente responde (Bagla, Pallava, 2002). As serpentes não têm ouvidos externos, embora não tenham ouvidos internos, e respondem ao movimento da flauta e não ao ruído propriamente dito (bluff dos encantadores de serpentes). A lei indiana de proteção da vida selvagem de 1972 proíbe tecnicamente o encantamento de serpentes, com o objetivo de reduzir a crueldade contra os animais. O encantamento de serpentes como profissão está a desaparecer na Índia devido à conclusão de formas modernas de entretenimento e às restrições ambientais que proíbem a prática (Bagla, Pallavea, 2002)

Armadilha:

As tribos Irulas de Andhra Pradesh e TamilNadu, na Índia, são caçadores-recolectores nas florestas quentes e secas e praticam a arte de apanhar cobras há gerações. Possuem um vasto conhecimento das serpentes no terreno. Geralmente, apanham as serpentes com a ajuda de um simples pau. Após a proibição total da indústria da pele de cobra na Índia e a proteção de todas as cobras ao abrigo da lei indiana sobre a vida selvagem (proteção), de 1972, formaram a cooperativa de caçadores de cobras Irula e passaram a capturar cobras para remoção do veneno, libertando-as na natureza após as extracções. O veneno assim recolhido é utilizado para produzir anti-veneno que salva vidas, para investigação biomédica e para outras propriedades médicas (Whitaker, Romulus e Captain, Ashok, 2004). Apesar da existência de encantadores de serpentes, existem apanhadores de serpentes profissionais, que utilizam um pau comprido com uma extremidade em forma de V.

Consumo:

Embora não seja comummente considerado como alimento na maioria das culturas, em algumas culturas o consumo de serpentes é aceitável ou mesmo considerado uma iguaria, apreciada pelo seu alegado efeito farmacêutico de aquecer o calor. A sopa de cobra é consumida pela população local no outono para aquecer o corpo. Nos países asiáticos, nomeadamente na China, em Taiwan, na Tailândia, na Indonésia, no Vietname e no Camboja, acredita-se que beber o sangue de serpentes, em particular da Cobra, aumenta a virilidade sexual (Flynn, Eugene, 2002).

Em alguns países asiáticos, a utilização de serpentes no álcool também é aceite. O vinho de serpente é uma bebida alcoólica produzida através da infusão de serpentes inteiras em vinho de arroz ou em álcool. A bebida foi registada pela primeira vez na China durante a dinastia Zhoy ocidental e é considerada um importante curativo e acredita-se que refresca uma pessoa de acordo com a medicina tradicional chinesa.

Animais de estimação:

No mundo ocidental, algumas serpentes, em especial espécies (dóceis) como a pitão-bolinha e a cobra-do-milho, são mantidas como animais de estimação. Para satisfazer esta procura, desenvolveu-se uma indústria de criação em cativeiro. As serpentes criadas em cativeiro tendem a ser melhores animais de estimação e são consideradas preferíveis aos espécimes capturados na natureza (Emest, Cart, George, R. Zug, Molly Dwyer Griffin (1996). As cobras podem ser animais de estimação de muito baixa manutenção. Especialmente em comparação com as espécies mais tradicionais, requerem um espaço mínimo, as cobras de estimação podem ser alimentadas com relativa frequência, normalmente uma vez de 5 em 5 ou de 14 em 14 dias, e certas cobras têm uma esperança de vida de mais de 40 anos se forem objeto de cuidados adequados.

Simbolismo:

A Índia é frequentemente designada como o país das serpentes e está impregnada de tradições relacionadas com as serpentes. Ainda hoje, as serpentes são veneradas como deuses e muitas mulheres deitam leite em covas de serpentes. A cobra é vista no pescoço do Senhor Shiva e Vishnu é frequentemente representado a dormir sobre uma cobra de sete cabeças. Existem também vários templos na Índia exclusivamente dedicados às cobras, por vezes chamadas Nag raj (rei das cobras) e acredita-se que as cobras são símbolos de fertilidade. Todos os anos, há um festival hindu chamado Nag-panchami, no qual se respeita e reza às serpentes.

Na Índia, existe uma outra mitologia sobre as serpentes. Vulgarmente conhecidas na Índia como cobras "Ichhadhari", estas cobras podem assumir a forma de qualquer criatura viva, mas preferem a forma humana. Estas serpentes míticas possuem uma joia valiosa chamada "Mani", que é mais brilhante do que o diamante. No purana, diz-se que shesha segura todos os planetas do universo nas suas mãos e que assina constantemente as glórias de Vishnu de todas as suas bocas. É por vezes referido como "Ananta-Shesha", que significa shesha sem fim. As serpentes também têm sido amplamente honradas, como na Grécia antiga, onde a serpente era vista como um curandeiro. Asclepius carregava uma serpente enrolada em sua varinha, um símbolo visto hoje em muitas ambulâncias.

CONTA SISTEMÁTICA:

Reino: Animália

Filo: Chordata

Classe: Répteis

Ordem: Squamata

Clado: Ophidia

Subordem: Serpentes (Linnaeus, 1758)

Alethinophidia (15 Famílias)	
Família	***Nomes comuns***
Acrochoradidae (Bonaparte, 1831)	*Cobras de ficheiros*
Anilídeos (Stejneger, 1907)	*Serpentes de tubo coral*
Anomochilidae (Cundall, Wallach e Rossman , 1993)	*Cobra-tubo-anã*
Atractaspididae (Gunther, 1858)	*Víboras toupeiras*
Boidae (Gray, 1825)	*Boas*
Bolyeridae (Hofstetter, 1946)	*Boás redondos da ilha*
Cylindrophiidae (Fitzinger, 1843)	*Serpentes asiáticas de tubo*
Colubridae (Oppel, 1811)	*Colubrídeos*
Elapidae (Boie, 1827)	*Cobras, cobras corais, mambas, kraits, cobras do mar, kraits do mar, elapídeos australianos.*
LoxocemidaeCope , 1861)	*Serpentes mexicanas*
Pythonidae (Fitzinger, 1826)	*Pítons*
Triopidophiidae(Brongersma, 1957)	*Jibóias anãs*

Uroptetidae (Muller, 1832)	*Serpentes de cauda escura, serpentes de cauda curta*
Viperídeos (Oppel, 1811)	*Víboras, víboras, serpentes de chocalho*
Xenopeltidae (Bonaparte, 1845)	*Cobras Sunbeam*
Scolecophidia (3 Famílias)	
Annomalepidae (Tylor, 1939)	*Cobras cegas da madrugada*
Leptotyphlopidae (Stejneger, 1892)	*Serpentes cegas esguias*
Typhlopidae (Merrem , 1820)	*Cobras cegas*

Lista de serpentes da região oriental de Maharashtra

SN	***Nome Zoológico***	***Comum Nome***	***Nome local***	***Estatuto IUCN***
	Reino: Animalia PhylumChordata Ordem: Squamata Subordem: Serpentes			
I	***Família: Typhlopidae***			
1	*Ramphotyphlops braminus*	*Cobra-verme comum*	*Wada*	*Pouco preocupante*
2	*Rhinotyphlops acutus*	*Serpente bicuda*	*Chancumukhi-Wada*	*Pouco preocupante*
II	***Família: Boidae***			
3	*Gongylophis conicus*	*Jiboia de areia de Russell*	*Durkya Ghonas*	*Pouco preocupante*
4	*Eryx johnii*	*Boa de areia vermelha do*	*Mandol*	***Próximo Ameaçado***

		John		
III	**Família: Pythonidae**			
5	Python molurus	Pitão da rocha indiana	Azgar	**Próximo Ameaçado**
IV	**Família: Colubridae**			
6	Coelognathus helena	Serpente trinca-ferro comum	Tasskar	Pouco preocupante
7	Mucosa piyas	Cobra-rateira-comum	Dhaman	Pouco preocupante
8	Argyrogena fasciolata	Calça com fita	Dhud-Nagin	Pouco preocupante
9	Oligodon taeniolatus	Russell S Kukri	Kukri	Pouco preocupante
10	Oligodon arnensis	Kukri com fita	Kukri	Pouco preocupante
11	Dendrelaphis tristis	Indiano Bronzeback	Rukhaie	Pouco preocupante
12	Lycodon striatus	Serpente lobo barrada	Patteri - Kavdya	Menos Preocupação
13	Lycodon aulicus	Cobra-lobo comum	Kavdya	Pouco preocupante
14	Lycodon flavomaculatus	Amarelo Cobra-lobo manchada	Piwala- Kavdya	Pouco preocupante
15	Sibynophis subpunctatus	Cobra-de-	Povda	Pouco

		cabeça-preta de Dumerill		*preocupante*
16	*Xenochrophis piscator*	*Serpente de costas axadrezadas*	*Dhondya*	*Pouco preocupante*
17	*Amphiesma stolatus*	Riscas de louro Keelback	Waasya	*Menos Preocupação*
18	*Macropisthodon plumbicolor*	*Greern Keelback*	*Gavtya*	*Pouco preocupante*
19	*Atretium schistosum*	*Olevaceous Keelback*	*Tassya*	*Pouco preocupante*
20	*Boiga trigonata*	*Cobra-gato indiana*	*Manjrya*	*Pouco preocupante*
21	*Boiga forsteni*	*Forsten S Cat Snake*	*Forsten Cha Manjrya*	*Pouco preocupante*
22	*Ahaetulla nasuta*	*Cobra chicote verde Cobra*	*Harantol*	*Pouco preocupante*
23	*Coelognathus Helena monticollaris*	*Montane Trinket Snake*	*Tasskar*	*Pouco preocupante*
24	*Coronella brachyura*	*Serpente lisa indiana*		*Pouco preocupante*
25	*Elachistodon westermani*	*Serpente comedora de ovos indiana*	*E - Bhakshak Saap*	*Pouco preocupante*
26	*Psammophis conanarus*	*Serpente da areia Condarus*		*Pouco preocupante*

27	*Psammophis leithii*	*Leithi S Serpente de areia*		*Pouco preocupante*
28	*Psammophis longifrons*	*Cobra-das-areias*		*Pouco preocupante*
V	***Família: Elapidae***			
29	*Bungarus fasciatus*	*Krait de fita*	*Aagya Manyar*	*Pouco preocupante*
30	*Bungarus coeruleus*	*Caranguejo comum*	*Manyar*	*Pouco preocupante*
31	*Calliophis melanurus*	*Esguio Cobra Coral*	*Rato-Sarpa*	*Pouco preocupante*
32	*Naja naja*	*Cobra de óculos indiana*	*Naag*	*Pouco preocupante*
33	*Naja naja kauthia*	*Cobra monocéfala*	*Khuri Naag*	*Pouco preocupante*
VI	***Família: Viperídeos***			
34	*Daboia russelli*	*Russell S Viper*	*Ghonas*	*Pouco preocupante*
35	*Echis carinatus*	*Víbora de escamas de porca*	*Furse*	*Pouco preocupante*
36	*Trimeresurus gramineus*	*Fosso de bambu Víbora*	*Tan-Sarp*	*Pouco preocupante*

BIOLOGIA DAS SERPENTES

As serpentes são as serpentes, mais de 3.400 espécies de répteis que se distinguem pela sua condição sem membros e pelo corpo e cauda muito alongados. Incluídas com os lagartos na ordem Squamata, as serpentes representam um lagarto que, ao longo da evolução, sofreu alterações estruturais, simplificação e perda, bem como especialização. Todas as cobras não têm membros externos, mas nem todos os répteis sem pernas são cobras. Certos lagartos escavadores podem ter apenas membros anteriores ou posteriores ou serem completamente desprovidos de pernas. Ao contrário dos lagartos, as cobras não têm pálpebras móveis. As cobras também não possuem orelhas externas.

Internamente, perderam a bexiga urinária. Os órgãos viscerais são alongados, com redução do membro esquerdo em relação ao direito; o pulmão esquerdo é bastante reduzido ou mesmo perdido totalmente. No entanto, as serpentes possuem um número maior de vértebras e desenvolveram duas novidades entre os vertebrados: um pulmão traqueal na região do pescoço e um sistema condutor de veneno para o controlo das presas.

As serpentes e o homem:

Todas as serpentes são predadoras, mas as serpentes venenosas são serpentes mordedoras que utilizam as suas presas para injetar veneno nos seus portadores. Apenas pequenas percentagens (menos de 300 espécies) são venenosas e, dessas, apenas cerca de metade são comprovadamente letais. Embora a mortalidade por mordedura de cobra a nível mundial esteja estimada em 30 000-40 000 pessoas por ano, a maioria das mortes (25 000-35 000) ocorre no Sudeste Asiático. Isto deve-se à falta de sensibilização e de instalações médicas durante a hora de ouro após a picada da cobra. As serpentes podem controlar a quantidade de veneno que injectam e podem morder agressivamente para se alimentarem ou defensivamente para se protegerem.

As serpentes têm uma quantidade limitada de veneno disponível num dado momento e não querem desperdiçá-lo em organismos que não são presas. As estatísticas mostram que a grande maioria das mordeduras de serpentes ocorre durante a captura ou o manuseamento. Em ambos os casos, a serpente está apenas a defender-se. No entanto, a maioria é tímida e recua, e nenhuma atacará uma pessoa que se aproxime. No entanto, as serpentes são inofensivas na grande maioria das circunstâncias.

Na linguagem comum, as serpentes venenosas são frequentemente designadas por "serpentes venenosas". Esta frase não é tecnicamente correta, porque o termo "venenosa" só se aplica a organismos que descarregam as suas toxinas quando outro organismo os consome.

Veneno:

O veneno das serpentes conferiu a estes répteis a capacidade de serem pequenos mas eficientes caçadores, tendo-se espalhado por vários nichos ecológicos. As serpentes vivem em todo o lado, desde o topo das árvores até ao chão das florestas, nos desertos e podem ser encontradas em ambientes marinhos. De acordo com alguns cientistas, o veneno é composto por proteínas modificadas que ajudam a decompor e a digerir a presa.

Tipos de veneno:

Os venenos das serpentes variam significativamente de espécie para espécie, mas têm uma coisa em comum: cada um deles é uma composição extremamente complexa, feita de várias proteínas e enzimas diferentes, cada uma com uma função específica. Os venenos podem ser mais ou menos separados em três grupos principais: citotoxinas, neurotoxinas e hemotoxinas.

O tipo de veneno e a rapidez com que actua são adaptados ao estilo de vida da serpente e da sua presa. As serpentes marinhas, por exemplo, têm um veneno de ação extremamente rápida. Preferem viver à volta dos recifes de coral e as suas presas mais importantes são os peixes. A presa deve ser morta antes da sua fuga.

Muitas serpentes produzem apenas pequenas quantidades de veneno fraco que é apenas suficiente para as suas várias presas pequenas. Mas o veneno de outras serpentes pode ser mortal para animais de grande porte, incluindo os seres humanos. Este é certamente o caso da cobra-rei, que é a maior serpente venenosa do mundo e pode ser capaz de matar um elefante com uma única mordida. A cobra-rei alimenta-se de outras cobras, que desenvolveram resistência ao seu veneno.

Equipado com um êmbolo de classe:

Todas as serpentes venenosas têm dentes especialmente modificados que injectam ativamente as suas presas, mas a diversidade entre essas serpentes é espantosa. A maioria das serpentes venenosas pertence a uma das três famílias **Colubridae**, **Elapidae** ou **Viperidae** e o sistema de inserção desenvolveu-se de forma diferente em cada uma delas.

Entre os elapídeos, a categoria que inclui as cobras, os dentes da frente desenvolveram-se em presas. Mas o sistema mais avançado é encontrado nas víboras, uma categoria que inclui as serpentes de chocalho americanas. Nas víboras, os dentes caninos da mandíbula superior foram modificados em seringas complicadas. O desenho das presas é apenas um dos muitos factores que determinam o grau de perigo de uma serpente para os seres humanos.

Citotoxinas:

As citotoxinas, que iniciam a digestão da presa mesmo antes de esta ser engolida, são a forma mais primitiva de veneno. O veneno destrói as células, especialmente as dos músculos, fazendo com que estas morram e os tecidos entrem em colapso. Alguns tipos atacam músculos cardíacos específicos, causando insuficiência cardíaca, enquanto outros têm efeitos mais extensos. As cascavéis americanas possuem venenos potentes deste tipo.

Hemotoxinas

As toxinas do sangue encontram-se nas cobras-lança da América do Sul e nas víboras, entre outras. O veneno destas poderosas serpentes pode atuar de duas formas diferentes, mas igualmente mortais.

O veneno tem como alvo muito específico os glóbulos vermelhos da presa e destrói os vasos sanguíneos. O animal morre então de hemorragia interna e externa; a toxina do sangue pode acelerar a coagulação, de modo que o sangue coagula em todo o corpo da presa.

Neurotoxinas:

A **taipan australiana**, que possui uma poderosa neurotoxina, é uma das cobras mais mortíferas do mundo.

As neurotoxinas podem afetar o sistema nervoso de diferentes formas: ou bloqueando todos os impulsos nervosos, de modo a que a presa fique paralisada ou a respiração seja interrompida, ou sobrecarregando o sistema nervoso de modo a que este entre em colapso. Esta última provoca convulsões graves, uma vez que todos os músculos do corpo se contraem ao mesmo tempo, seguidas de morte. As toxinas nervosas são de ação extremamente rápida.

As cobras são caraterísticas das serpentes com poderosas toxinas nervosas, entre muitas serpentes marinhas, que têm o veneno de ação absolutamente mais rápida de todas as serpentes.

Transformar venenos letais em curas:

É difícil acreditar que componentes que foram tão bem concebidos para matar possam também ser úteis na medicina, mas é um facto. A primeira substância medicinalmente ativa isolada do veneno de uma serpente veio de uma víbora brasileira, *Bothrops jararaca*, em 1949.

O veneno dilata os vasos sanguíneos, fazendo com que as presas percam a pressão sanguínea e reajam mais lentamente ou até entrem em colapso. Pouco tempo depois, o material tornou-se a base de uma família popular de medicamentos para a tensão arterial.

Os venenos de serpentes actuam frequentemente apenas em determinados tipos de células, e esta especificidade conduziu a importantes investigações sobre tratamentos para o cancro. Os medicamentos de quimioterapia típicos causam muitos efeitos secundários indesejáveis porque não distinguem entre células cancerosas e saudáveis no corpo.

Muitas neurotoxinas funcionam bloqueando completamente a atividade nervosa, pelo que são alvos de investigação interessantes para doenças como a epilepsia, para o tratamento da dor ou para ajudar os toxicodependentes que tentam libertar-se da sua dependência. Extraordinariamente, foram encontradas outras substâncias no veneno de cobra que promovem o crescimento de novos neurónios. Estas substâncias poderão ser úteis no tratamento da doença de Alzheimer e de outras doenças em que os neurónios do cérebro morrem. As cobras podem matar dezenas de milhares de pessoas todos os anos, mas os seus venenos mortais têm o potencial de salvar muitos mais milhares.

Períodos de dormência:

As serpentes entram num curto período de dormência, que é, pelo menos em parte, uma consequência do efeito que a estação seca tem sobre as suas presas. Este período de dormência é semelhante à hibernação no inverno das serpentes das zonas temperadas.

Em latitudes e altitudes mais elevadas, durante os períodos de stress máximo (que para a maioria das serpentes são os meses frios), os animais têm de procurar um local onde possam estar completamente inactivos e não reactivos, onde a sua incapacidade de responder ao estímulo do perigo seja compensada pela ausência de perigo e onde os extremos circundantes de baixa temperatura e baixa humidade permaneçam dentro de limites toleráveis. À medida que o corpo arrefece, o batimento cardíaco e a respiração abrandam quase até à paragem, e não há atividade muscular, pouca digestão e nenhuma defecação.

No final da estação fria, a serpente está totalmente dependente das mudanças no seu ambiente para voltar à atividade; não se pode irritar a si própria.

Interações entre indivíduos:

As serpentes das regiões tropicais e temperadas tendem a ser solitárias nos seus hábitos. Há uma certa tendência para as fêmeas de certas espécies em zonas temperadas utilizarem um único local para a deposição de ovos. A caça de alimentos é um ato estritamente individual para as serpentes; não se conhecem casos de caça cooperativa.

Os esconderijos e os locais de repouso são ocasionalmente partilhados. Exceptuando estes poucos e fracos casos, não há desenvolvimento de comportamento social nas populações de serpentes, nem estabelecimento de hierarquias sociais, nem territorialidade e talvez nem dominância

Forma e função:

Corpo:

O aspeto mais qualitativo da forma da serpente é o corpo e a cauda alongados e a ausência de membros. O corpo é geralmente esguio, embora existam algumas espécies um pouco curtas e de corpo grosso. A forma do corpo está relacionada com o nível de atividade, com as espécies esguias a movimentarem-se constantemente e as formas pesadas a levarem uma vida inativa. As víboras, por exemplo, embora nem sempre longas, são frequentemente grandes. Parece provável que estas serpentes só tenham evoluído no sentido do peso após o desenvolvimento de uma depressão sensível ao calor, o loreal-pit, localizado entre o olho e a narina, e o aparelho de veneno. Da mesma forma, algumas das maiores serpentes não venenosas (Boas, Anacondas e Pitões) têm fossas labiais que funcionam da mesma forma que a fossa loreal das víboras, pelo que também podem estar imóveis e engordar. As serpentes arborícolas são as mais alongadas e esguias de todas. As cobras escavadoras não são frequentemente grandes e as verdadeiras cobras escavadoras, as Typhlopidae e as Leptotyphlopidae.

A pele:

As serpentes estão cobertas de escamas, que são dobras de milho nas camadas epidérmicas da pele. Estas escamas estão geralmente dispostas em filas ao longo do corpo, cujo número e disposição são caraterísticos da espécie.

As escamas podem ser grandes e em forma de escudo, caso em que o número de filas é reduzido (de 10 a 30), ou podem ser muito pequenas, arredondadas e, por vezes, com o centro elevado, caso em que o número de filas pode atingir 180.

Coloração:

As cores e os padrões de cores observados nas serpentes são muitas vezes brilhantes e, por vezes, impressionantes. As cores das serpentes são produzidas de duas maneiras: ou por pigmentos depositados na pele ou por difração diferencial da luz em consequência das propriedades físicas da própria pele.

Embora na maioria das cobras as cores sejam tais que ajudam o animal a esconder-se, há algumas espécies que parecem estar a anunciar a sua presença em vez de a tentar esconder. Os seus padrões são de aviso, por natureza, e permitem que um possível inimigo ou predador saiba que corre algum risco num encontro com a serpente.

Órgãos dos sentidos:

As serpentes baseiam-se em vários sentidos para se informarem sobre o que as rodeia. As fossas, que se encontram na região entre a narina e o olho nas víboras e nas escamas da linha labial em algumas jibóias e pitões, são sensíveis a alterações muito pequenas da temperatura.

Estas serpentes alimentam-se quase exclusivamente de animais, como aves e mamíferos, que mantêm uma temperatura corporal constante e que, por isso, podem ser localizados pela serpente através da receção do calor do corpo quente. O calor perdido mesmo por um pequeno roedor é suficiente para alertar uma víbora que está à espera e permitir-lhe dirigir um ataque rápido ao animal quando este passa.

Visão:

O olho da serpente não tem pálpebras e está coberto por uma capa transparente de epiderme, que se desprende com o resto da pele em cada muda. Os animais activos durante o dia têm geralmente pupilas redondas, ao passo que as espécies nocturnas têm uma pupila vertical ou em fenda que se abre no escuro, como a do gato, mas que se fecha mais eficazmente à luz intensa, protegendo a retina sensível e adaptada à escuridão.

O olho perdeu-se quase completamente nas famílias de cobras escavadoras, nas quais é visível apenas como uma mancha negra e pode estar coberto por uma escama ou carne. As serpentes arborícolas têm frequentemente um olho saliente, colocado lateralmente.

Som:

A resposta do som é inteiramente por condução óssea dentro do crânio. A cobra não tem ouvido externo, mas ainda conserva alguns vestígios do ouvido interno, que estão ligados a outros ossos do crânio de forma a permitir a transmissão de algumas ondas sonoras terrestres, e talvez algumas aéreas, de baixa frequência.

Crânio:

O crânio das serpentes é caracterizado pela mobilidade. É leve, com um número reduzido de ossos, e existem articulações (curvas) em vários níveis que permitem uma ligeira rotação ou movimento de um segmento sobre outro. A única unidade compacta é a caixa craniana central, sendo todos os outros ossos do crânio pouco mais do que anexos mantidos no lugar por ligamentos e músculos.

A flexibilidade do crânio e dos ossos maxilares a ele ligados constitui uma importante compensação pela perda de membros e permite à serpente engolir presas com um diâmetro várias vezes superior ao da sua cabeça.

Para engolir as presas, os crânios das serpentes movem-se de várias formas, desde um modo de "alimentação por inércia" semelhante ao do lagarto, em que as mandíbulas superior e inferior estão ambas encaixadas para a frente sobre os objectos da presa, até uma "alimentação por marcha", em que cada um dos quatro arcos maxilares se move independentemente dos outros. A alimentação por inércia é encontrada nas cobras cegas primitivas e nas cobras de fio (infra-ordem Scolecophidia).

As boas e as pítons (superfamília Boidea) são mais avançadas e utilizam um método de "alimentação a pé", em que uma arcada maxilar é desengatada e deslocada para a frente, enquanto as outras três arcada se mantêm firmes. Nos Elapídeos (cobras e parentes), o maxilar tem uma única presa numa posição fixa, por vezes seguida de alguns dentes mais pequenos e sólidos.

Dentes:

Os dentes das cobras são geralmente longos, ligeiramente recurvados e afiados como agulhas. Isto ajuda a engolir e evita a perda de alimentos, porque a única direção em que um alimento, que pode estar vivo quando engolido, pode ir para escapar aos dentes é para baixo da garganta.

A alteração dos hábitos alimentares foi muitas vezes acompanhada de alterações na estrutura dentária ou da perda de dentes. As cobras comedoras de ovos, por exemplo, têm apenas alguns dentes em forma de gancho. As cobras cegas escavadoras têm uma dentição muito reduzida e, muitas vezes, perderam completamente os dentes de um maxilar.

Vértebras: A coluna vertebral das serpentes é altamente alongada e tem mais vértebras do que qualquer outro animal vivo, até 600 na pitão australiana. Existem 100-450 vértebras no corpo e 10-205 vértebras na cauda. A cada vértebra do corpo está associado um par de costelas, com exceção de algumas imediatamente atrás da cabeça. Cada vértebra articula-se com a sua vizinha em cinco pontos diferentes: primeiro, no ponto de contacto entre os corpos principais e centrais dos ossos (centra), que é uma articulação esférica; depois, em duas projecções. Estes cinco pontos permitem a rotação lateral e vertical, mas impedem quase totalmente qualquer torção da coluna vertebral, conseguindo assim flexibilidade e rigidez. A vértebra pode apresentar, na sua superfície ventral, uma longa projeção posterior denominada hipófise.

Nas serpentes ovígeras, as hipofisárias de uma série de vértebras situadas a uma curta distância atrás da cabeça desenvolveram pontas direcionadas para a frente, com um revestimento distinto de uma substância semelhante ao esmalte. Estas servem para quebrar a casca do ovo, projectando-se através de uma abertura na parede intestinal dorsal, onde podem rasgar um ovo engolido quando a serpente contrai os músculos do corpo.

Especializações para alimentação:

A atividade mais essencial e demorada para uma serpente durante os períodos não-dormitórios, independentemente do seu habitat, é a perseguição, captura e digestão de alimentos. A maioria das serpentes consome uma presa e depois descansa antes de comer novamente.

Há muitas modificações morfológicas e comportamentais a observar nas serpentes que ajudam na recolha de alimentos. Algumas dessas modificações são muito comuns e encontram-se em praticamente todas as espécies de serpentes. O órgão de Jacobon está localizado no céu da boca e é capaz de detetar quantidades mínimas de várias substâncias químicas quando estas são apanhadas externamente na delicada língua de duas pontas e empurradas para o órgão para análise. É tão importante e útil que nunca foi perdido por nenhuma espécie de serpente.

Algumas serpentes possuem glândulas salivares especializadas que elaboram um veneno potente, juntamente com dentes sulcados ou tubulares que permitem a inserção interna do veneno. Este dispositivo de imobilização rápida da presa tem-se revelado um sucesso. Os tipos de dentes injectores incluem o longo dente tubular dos viperídeos, o dente curto e oco num maxilar fixo visto nos elapídeos e os vários tipos de dentes estriados na extremidade posterior do maxilar. Quanto ao veneno, é verdade que os termos *neurotóxico*, *hemotóxico* e *citotóxico*.

Alguns venenos matam muito rapidamente, como o da dourada, que perderia como presa a maioria das aves que morde se elas pudessem voar para muito longe. Outros venenos matam mais lentamente, e a serpente morde, retira-se e espera, acabando por seguir o rasto da presa mordida. Algumas serpentes, em particular as espécies com presas traseiras, mordem, mastigam e aguentam, acabando por colocar em ação os dentes maxilares posteriores, o que permite a injeção da toxina.

Outras especializações alimentares não estão tão difundidas entre as espécies, e algumas são restritas a um único grupo. Quase todos os boídeos e muitos colubrídeos utilizam um método de constrição para matar o seu alimento. Existe uma grande correlação entre a dificuldade em capturar um determinado tipo de presa e o desenvolvimento de estratégias morfológicas e comportamentais para ajudar a resolver o problema.

Sistema urinogenital:

O sistema urogenital das serpentes não é muito caraterístico do de outros vertebrados. Os testículos e os ovários tendem a estar espalhados em consequência do alongamento do corpo, com o direito geralmente anterior ao esquerdo. As serpentes não têm bexiga urinária e os resíduos renais são excretados em estado sólido sob a forma de ácido úrico.

No acasalamento, a serpente macho tem dois órgãos intromitentes separados, os hemipénis. Esta estrutura não é homóloga ao pénis dos mamíferos, mas parece representar uma solução completamente diferente para o problema da fertilização interna. Trata-se de uma estrutura em forma de saco que deve ser torcida do avesso para ser inserida na cloaca da fêmea e que só pode ser retirada virando-a novamente para dentro. O hemipénis é particularmente variável no seu aspeto geral e na sua estrutura; a cloaca da fêmea é frequentemente construída de forma semelhante, o que impede a fecundação cruzada por machos de espécies aparentadas.

Reprodução:

O episódio de acasalamento imediatamente após a saída da hibernação permite que as serpentes aproveitem o facto de as fêmeas estarem facilmente acessíveis, concentradas e receptivas. Os machos estão igualmente concentrados, o que permite a formação de pares e a cópula. Os machos de algumas espécies têm tubérculos conjugais em várias partes do corpo, usados para massajar a fêmea e, presumivelmente, para a estimular sexualmente. Há muitas descrições na literatura de danças de cortejo feitas por serpentes, nas quais os corpos são entrelaçados e até um terço levantados do chão, as espirais recuam e fluem.

Tal como na dança de cortejo, a parte da frente dos corpos entrelaça-se e eleva-se cada vez mais do chão até que, finalmente, uma serpente derruba a outra. Em qualquer caso, a cópula é conseguida após um namoro relativamente breve, através da inserção de um hemipénis na cloaca da fêmea (uma câmara urogenital comum, situada imediatamente antes do ânus). O hemipénis é um de um par de órgãos intromitentes espelhados que se encontram na base da cauda do macho, posterior ao ânus, e é estritamente reservado para o acasalamento

O órgão evertido está fortemente armado com espinhos, espínulos (espinhos minúsculos), folhos, cálices e outros ornamentos, que parecem desempenhar um papel na garantia de que o macho está firmemente ligado à fêmea durante todo o período até que o esperma tenha sido depositado. Após a descarga, os espermatozóides podem subir imediatamente pelos ovidutos e fertilizar os óvulos acabados de sair do ovário, ou podem ser armazenados pela fêmea e libertados mais tarde para conseguir a fertilização.

Desenvolvimento e postura dos ovos:

Uma vez efectuada a fertilização, o ovo começa a acumular camadas adicionais a partir das glândulas da casca no oviduto. Nalgumas espécies, este processo continua até se formar uma casca firme mas maleável, permeável a gases e líquidos, mas capaz de reter grande parte do seu conteúdo líquido, a menos que esteja num local muito seco. A fêmea deposita então toda a ninhada de ovos num local protegido, húmido, quente e geralmente escuro, muitas vezes juntamente com ninhadas de outras fêmeas da mesma espécie, pois os mesmos estímulos que levam as serpentes a reunir-se para hibernar também as levam para os mesmos locais para a postura dos ovos. Muitas espécies abandonam imediatamente os ovos; algumas permanecem com a ninhada e parecem certamente estar a protegê-los de perigos externos; e muito poucas assumem de facto o papel de galinha reprodutora, mantendo uma temperatura corporal mensurávelmente mais elevada do que a do ambiente circundante e presumivelmente ajudando na incubação. Em vez disso, o embrião é retido no oviduto e aí continua o seu desenvolvimento.

A fêmea da serpente está limitada, tanto pela sua falta de membros como pela natureza do próprio ovo, à postura de ovos à superfície ou perto dela

Desenvolvimento e crescimento precoce:

A jovem serpente, seja ela proveniente de um ovo ou nascida viva, vem equipada com um dispositivo cortante afiado no seu lábio superior, o dente de ovo. Com este dente, a serpente abre caminho para sair da casca de ovo borrachenta ou, no caso dos animais nascidos vivos, corta caminho para sair das membranas moles. Quase habitualmente, o primeiro ato de uma serpente recém-nascida é alongar a língua e provar o que a rodeia, transmitindo ao órgão de Jacobson (uma região sensível no céu da boca) informações químicas talvez mais significativas. As cobras jovens começam a alimentar-se imediatamente após a eclosão, demonstrando um talento significativo na captura e consumo de presas.

As serpentes venenosas nascem com glândulas de veneno e presas funcionais e são capazes de utilizar imediatamente as suas armas mais alarmantes. Pouco tempo depois do nascimento, dá-se a primeira descamação da pele e o dente do ovo cai quase ao mesmo tempo.

A taxa de crescimento está correlacionada com a disponibilidade de alimentos e com temperaturas suficientemente elevadas para permitir uma atividade metabólica plena. Foi sugerido que todas as serpentes crescem rapidamente até atingirem a maturidade sexual, altura a partir da qual o crescimento abranda, mas muitas vezes não pára completamente. A maturidade sexual é atingida em cerca de dois anos por muitas serpentes. Nas espécies maiores, a maturidade sexual chega mais tarde, após quatro ou cinco anos ou mais.

Muda (queda):

Um acontecimento que persiste regularmente durante o período de atividade de todas as serpentes é a queda, ou muda, da pele. Os indivíduos em estado de dormência não perdem a pele, mas muitas vezes este é um dos primeiros eventos a ocorrer após o fim da dormência. O tegumento de todos os animais representa a barreira primária entre as estruturas internas e o ambiente, e está constantemente sujeito a desgaste, rasgões e outros danos. A primeira linha de defesa contra danos, especialmente quando a pele é completamente rompida, é a formação de um coágulo sanguíneo ou de uma crosta, a reorganização celular e a formação de marcas. A segunda linha de defesa é a produção constante de novas células nas camadas mais profundas da pele para substituir as células perdidas ou desgastadas na superfície. Nas serpentes, o processo de substituição foi modificado num grau considerável.

Este afrouxamento repete-se por todo o corpo, embora não tão visivelmente. Em pouco tempo, os olhos ficam claros e a serpente solta a pele à volta da boca e do nariz e rasteja para fora dela completamente, deixando uma pele nova e funcional, brilhante e com cores vivas.

Locomoção:

A serpente superou a desvantagem da ausência de membros desenvolvendo vários métodos diferentes de locomoção, alguns dos quais são vistos noutros animais sem membros, sendo outros únicos. Em geral, o modo de locomoção das serpentes é designado por "locomoção serpentina".

Ondulação lateral: a ondulação lateral é o único e mais comum modo de locomoção das serpentes terrestres e aquáticas. Neste modo, o corpo da serpente flecte alternadamente para a esquerda e para a direita, dando origem a uma série de ondas que se deslocam para trás. A ondulação lateral terrestre é o modo mais comum de locomoção terrestre para a maioria das espécies de serpentes. Neste modo, as ondas de movimento posterior empurram contra pontos de contacto no ambiente, como pedras, galhos, irregularidades no solo, etc. Cada um destes objectos ambientais gera, por sua vez, uma força de reação dirigida para a frente e para a linha média da serpente, resultando num impulso para a frente, enquanto as componentes laterais se anulam. Ao nadar, as ondas tornam-se maiores à medida que descem pelo corpo da serpente e a onda desloca-se para trás mais rapidamente do que a serpente se desloca para a frente.

Ondulação lateral: mais frequentemente utilizada por serpentes colubrídeas (colubrídeos, elapídeos e víboras) quando as serpentes têm de se deslocar num ambiente sem irregularidades contra as quais se empurrar. Tal como um banco de areia polida, a ondulação lateral é uma forma modificada de ondulação lateral em que todos os segmentos do corpo orientados numa direção permanecem em contacto com o solo, enquanto os outros segmentos são levantados, resultando num movimento de rolamento peculiar. Este modo de locomoção supera a natureza escorregadia da areia ou da lama, empurrando apenas as partes estáticas do corpo, minimizando assim o deslizamento.

Concertação: quando os pontos de empurrão estão ausentes, não há espaço suficiente para usar o enrolamento lateral devido a restrições laterais, como os túneis, as serpentes recorrem à locomoção concertada. Neste modo de locomoção, a serpente apoia a parte posterior do seu corpo contra a parede do túnel, enquanto a parte da frente da serpente se estende e endireita, a parte da frente foi flexionada e forma um ponto de ancoragem e a parte posterior é endireitada e puxada para a frente.

Retilíneo: o modo mais lento de locomoção da serpente é a locomoção retilínea, que também é a única em que a serpente não precisa dobrar o corpo lateralmente, mas pode fazê-lo ao virar. Neste modo, as escamas do ventre são levantadas e puxadas para a frente antes de serem colocadas no chão e o corpo ser puxado sobre elas, passando posteriormente ondas de movimento e estase que resultam numa série de ondulações na pele. Este método de locomoção é mais frequentemente utilizado pelas grandes pítons, jibóias e víboras quando perseguem presas em espaços abertos, uma vez que os movimentos das serpentes são mais difíceis de detetar pelas suas presas desta forma.

DIVERSIDADE DE SERPENTES:

VERME COMUM OU COBRA CEGA

Ramphotyphlops braminus (Daudin, 1803) Não venenosa, inofensiva

Cresce até 23 cm. Corpo curto, semelhante a um verme, com escamas indiferenciadas, brilhantes e polidas. Corpo uniformemente cilíndrico, com a extremidade arredondada. Olhos indistintos, apenas visíveis sob ampliação.

Cauda muito curta com ponta pontiaguda. Cor castanha ou castanha avermelhada, mais clara por baixo. Vive em solos moles, pedras ou detritos e só é visto quando estes são revirados, aparece na superfície do solo após chuvas fortes.

Normalmente solitário, mas ocasionalmente em grandes grupos em madeira apodrecida. É uma serpente ativa, que se move lentamente e que, quando manuseada, se fixa com a espinha da cauda e se agita inquieta em todas as direcções, sendo frequentemente vista em casas laterais. É predada por outras serpentes. Supõe-se popularmente que entra no ouvido das pessoas que dormem no chão.

Alimenta-se de formigas, térmitas, larvas de insectos e ovos. Ovíparo, reproduz-se de abril a julho. Ovos 2-7 brancos, do tamanho de um grão de arroz, que se acredita serem

partenogénicos.

Encontrada em todo o sul da Ásia, desde a Arábia, a oeste, até à China, a leste, e às Filipinas, a sul, em África, Zanzibar, Madagáscar e ilhas do Oceano Índico, no México, esta é a espécie mais comum desta família

Atualmente, é uma serpente comum, que enfrenta ameaças devido à utilização intensiva de pesticidas e insecticidas na agricultura e em casa.

COBRA BICUDA

Grypotyphlops acutus (Dumeril e Bibron, 1844)

Esta serpente cresce até 60 cm, sendo a maior das serpentes sem-fim indianas e a única espécie indiana com um focinho bicudo. Corpo castanho ou cinzento claro com a parte inferior castanha clara. Corpo arredondado com escamas lisas que são pálidas no centro. A cabeça é pequena, com a ponta em forma de bico; a ponta da cauda tem um pequeno espinho e vive debaixo do solo, de troncos apodrecidos ou de folhas caídas. Alimenta-se principalmente de minhocas e insectos.

Esta espécie está classificada como menos preocupante de acordo com a IUCN, uma vez que está amplamente distribuída, ocorre numa variedade de habitats e não se conhecem ameaças importantes que a afectem. Ocorre também em muitas zonas protegidas.

JIBÓIA DE AREIA DE RUSSELL

Eryx conicus (Schneider, 1801)

Cresce até 78 cm. As fêmeas são nitidamente maiores do que os machos. O macho tem uma cauda proporcionalmente mais comprida. A *Eryx conicus* difere das outras espécies indianas pela ausência de um sulco por baixo do queixo e de uma crista transversal angular no escudo rostral. Serpente marcadamente robusta; corpo curto e pesado, cauda curta e afilada muito rapidamente, de forma cónica.

Cabeça moderadamente alongada, arredondada uniformemente de um lado para o outro; focinho comprido; olho muito pequeno, íris lindamente salpicada de dourado, narinas cortadas; a pele é áspera no dorso devido às escamas quilhadas. De castanho a chocolate profundo com manchas arredondadas com bordos amarelos, a parte inferior é ligeiramente mais pálida.

É uma serpente muito comum que ocorre desde a base dos Himalaias até ao extremo sul da Índia. É uma criatura monótona, mas de temperamento incerto, tal como o resto do género, é uma serpente terrestre e escava o solo solto com facilidade e rapidez, tal como outras representações da sua família. Ocasionalmente, come rãs, mas os répteis não são normalmente aceites, embora haja registo de casos em que as cobras foram mortas por eles. Tal como outras jibóias, mata a sua vítima por constrição. As aves que se alimentam no solo, como as mynas, hoopes e babblers, são frequentemente vítimas desta serpente. No sul da Índia, o acasalamento ocorre em novembro. É ovovivípara. A fêmea pode desenvolver 16 ovos.

JIBÓIA DE JOÃO-DE-BARRO OU JIBÓIA DE AREIA VERMELHA

Eryx johnii (Russell, 1801)

Não venenoso, inofensivo

Distingue-se da jiboia de areia de Russell (Eryx conicus) pela presença de um sulco mental. Corpo grosso e arredondado; cauda curta e romba. A cabeça é semelhante à cauda. Olhos pequenos com pupilas verticais. Um sulco ao longo da coluna vertebral.

Escamas do corpo pequenas e lisas Escamas da cabeça um pouco maiores do que as do dorso O maxilar superior ultrapassa o queixo A íris é revestida de ouro avermelhado. Narinas altas no focinho. Língua amarelada na base e negra nas pontas. Membros rudimentares em forma de garra, como em E. conicus.

Adultos uniformes de cor castanha clara, castanha avermelhada ou castanha olivácea escura, com ou sem reticulações escuras finas dispostas em forma de barras transversais. Ventre mais claro do que o dorso, frequentemente mosqueado de preto, vermelho-tijolo ou vermelho-areia. Amplamente distribuído nas planícies do subcontinente indiano. Registada como comum em algumas zonas.

Vive em tocas em solos moles e emerge durante as monções, quando o solo está encharcado. Parece ter um temperamento mais brando, sendo uma criatura particularmente inofensiva. É um animal rápido, que escava a terra com um ruído, utilizando a crista transversal do focinho como instrumento de escavação. Alimenta-se principalmente de pequenos mamíferos como ratos, lagartos, osgas ou pequenas aves que pousam no solo.

Sabe-se muito pouco sobre o seu comportamento reprodutor. Ovovivíparo; nascem até 14 crias de cada vez. O período de gestação é de cerca de 4-5 meses e as crias nascem em julho (Khan Asif R, 1991).

Na Índia, especialmente no sul do país, existe uma crença antiga de que a mordidela ou a lambidela desta serpente pode causar lepra! Os encantadores de serpentes que transportam esta espécie ferem frequentemente a cauda, fazendo marcas que sugerem olhos e cortando uma incisão transversal na ponta, o que deixa uma cicatriz que sugere uma boca.

Parece ter um temperamento mais brando, sendo uma criatura particularmente inofensiva. É um escavador rápido, que escava a terra utilizando a crista transversal do focinho como instrumento de escavação.

PITÃO-DAS-ROCHAS-INDIANO

Python molurus (Linnaeus, 1758)

Cresce até 19 pés. O maior registo foi de 19 pés no Sri Lanka. Um exemplar pesava 90,7 kg. A pitão é fácil de identificar. As fossas sensoriais no rostral e nos dois primeiros labiais (escudos labiais) distinguem-na de todas as outras serpentes indianas. É uma serpente de constituição maciça, a sua circunferência em relação ao seu comprimento excede consideravelmente a de todas as outras serpentes, exceto as suas aliadas mais próximas. De contorno arredondado e mais grosso no meio, afunilando para ambas as extremidades. Cabeça achatada, com um focinho comprido.

Narinas grandes direcionadas para cima e situadas no alto do focinho, rostral e os dois primeiros labiais grandes com fossas sensoriais, olhos com íris pequena marcada a dourado. Cauda curta e preênsil, afinando rapidamente, membros posteriores rudimentares como garras curvas de cada lado do ânus, mais desenvolvidas nos machos.

Cor acinzentada, branca ou amarelada nos adultos e, nos jovens, muitas vezes um tom de rosa muito bonito. Lábio inferior frequentemente engarrafado. Corpo com uma série de manchas grandes, aproximadamente quadradas, do pescoço à cauda, dorsalmente. Cada indivíduo tem manchas específicas e pode ser um instrumento de estudo intensivo do indivíduo.

Habita normalmente a selva, ocorrendo tanto em florestas densas como em florestas abertas, com afloramentos rochosos. Na ausência de florestas, ocorre em rios e igarapés. É uma serpente letárgica e de movimentos lentos, mesmo em seus locais de origem, exibindo pouca ou nenhuma timidez e raramente se levantando seriamente para fugir, mesmo quando atacada.

As pitões também têm um método peculiar de movimento, uma progressão rectilínea, com o corpo a mover-se em linha reta como uma centopeia. Os pitões trepam bem em busca de presas e escondem-se frequentemente entre os ramos de uma árvore. Sentem-se à vontade na água; nadam bem e com força quando necessário, mas geralmente permanecem perto da margem, parcial ou totalmente submersos, exceto pela ponta do focinho.

Diurna e nocturna, consoante o grau de perturbação do homem no seu ambiente. No norte da Índia e talvez nas colinas do sul, a pitão hiberna durante a estação fria em qualquer local conveniente, como um buraco numa árvore, um buraco numa margem ou debaixo de montes de pedras ou de erva, muitas vezes várias hibernam juntas (Wrenicks, C.J.T., 1955).

Alimenta-se aleatoriamente de mamíferos, aves e répteis, mas parece preferir os mamíferos. O conteúdo estomacal indicou rãs, sapos, lagartos-monitores, patos selvagens, galinhas-d'angola, aves domésticas, ratos, lebres, porcos-espinhos, langures, chacais, veados-rato, veados-campeiros, chital, sambar, veados-cascadores, chinkara e leopardos. As pitões que se encontram em Jheels e noutras zonas com água têm pouca dificuldade em capturar presas, grandes aves aquáticas e animais que vivem perto da água ou que vêm beber.

Também ficam à espreita perto de trilhos na selva, garças, colónias de nidificação e poleiros de grandes aves; geralmente têm pitões acompanhantes que fazem o seu trabalho durante a noite. As presas vivas são apertadas e mortas, sendo que uma ou duas espirais do corpo são lançadas à volta da presa, prendendo-a com um torno. A presa, incapaz de respirar, rende-se rapidamente e é engolida de cabeça. A serpente não tem vontade de se mexer depois de uma refeição pesada e, se for forçada a mover-se, partes duras da presa, como os cornos, podem rasgar a parede do corpo.

Em cativeiro, a serpente recusa frequentemente a comida durante períodos consideráveis sem quaisquer efeitos nocivos, tendo sido registado um jejum que durou mais de 2 anos (McArthur, A. G. 1922). O acasalamento ocorre durante a estação fria, em dezembro, janeiro e fevereiro, quando as pítons do Norte da Índia estão em hibernação, e os ovos, em número variável de 8 a 100 (a maior ninhada é de 107), são postos 3 a 4 meses mais tarde, no tempo quente, de março a junho.

A fêmea choca os ovos enrolando-se à volta deles. Atinge a maturidade sexual aproximadamente aos 5 anos de idade. As pítons têm uma vida longa, tendo vivido em cativeiro durante mais de 25 anos. Nas serpentes saudáveis, o desprendimento de pelos ocorre cinco a seis vezes por ano, exceto durante a hibernação em algumas regiões da Índia, onde a pitão é comida. Foi registada uma pitão albina no oeste de Bengala, na Índia (Lahiri, R. K., 1955).

SERPENTE-ARMADEIRA COMUM

Coelognathus Helena Helena (Daudin, 1803) Inofensivo, não venenoso

Cresce no máximo até 168 cm. Corpo esguio de cor castanha clara com faixas castanhas escuras ou cinzentas escuras no corpo anterior e riscas no corpo posterior. Escamas ventrais brancas. Duas ou três labiais tocam o olho. Parte superior castanha

de intensidade variável. Lábios amarelados ou esbranquiçados no corpo anterior, de comprimento variável, belamente ornamentados com barras transversais oscilantes de um padrão peculiar a esta serpente. Os padrões modificam-se com o tempo e desaparecem gradualmente. Normalmente, uma marca em forma de V na nuca ou duas linhas paralelas ou que ocasionalmente se encontram para formar 2 ou 3 barras transversais no dorso.

Normalmente encontrada na floresta ou na periferia da mesma, ocasionalmente encontrada perto de habitações humanas. Índia peninsular e de Sind, a oeste, até Assam, a leste, Himalaias, Sri Lanka, Uma serpente terrestre que trepa às árvores em busca de presas. Levanta a cabeça quando é perturbada e ataca com a boca bem aberta, assemelhando-se a uma curva sigmoide.

As escamas do corpo, quando assim excitadas, separam-se e revelam a cor rosada da pele intermédia. Prefere geralmente uma dieta de mamíferos, mas come lagartos e até cobras quando tem fome, tem o hábito de se enrolar à volta da sua presa, mas aparentemente não se contrai. As crias eclodem antes de junho e põem 3 a 12 ovos em abril-maio.

Rato comum (Dhaman) *Ptyas mucosus* (Linnaeus, 1758).

Inofensivo, não venenoso

Cresce no máximo até 350 cm, sendo os machos geralmente maiores do que as fêmeas. Cabeça bastante alongada, olhos grandes e brilhantes. Narinas grandes, ocupando toda a profundidade da sutura entre as nasais. Pescoço nitidamente constrito, corpo comprimido, afinando para ambas as extremidades.

Cauda cilíndrica, com cerca de um quarto do comprimento total. Dorsalmente castanho-oliváceo, por vezes tão escuro como os lábios amarelo-mostarda claro e as escamas ventrais marginadas de preto. Ventre branco acinzentado. Pele enegrecida.

Cobra-rateira comum em todo o subcontinente indiano, também no Sri Lanka e em Myanmar. A oeste estende-se até ao Afeganistão e ao Turquestão, a leste até ao sul da China, tendo também sido registada em Java e Sumatra. É diurna, mas em zonas povoadas pode não ser vista com frequência durante o dia.

Acolhe-se facilmente na água e nada vigorosamente com a cabeça bem acima da água. Adopta igualmente a escalada e é frequentemente vista em árvores, tendo sido relatado que salta de uma altura de 6 m quando perturbada (Chasi V.K., 1950). Alimenta-se principalmente de ratos, daí o nome, mas também de sapos, rãs, lagartos, lagartixas, pequenas aves e morcegos.

A época de reprodução varia consoante o clima. O número de ovos numa ninhada varia de 6 a 14. Os ovos medem 41-60x25-32 mm, os recém-nascidos medem 371 a 472 mm. As crias parecem duplicar o seu comprimento num ano e continuam este ritmo de crescimento até ao segundo ano, quando têm cerca de 125 mm de comprimento.

Atingem a maturidade sexual quando têm cerca de 3 anos de idade. Um comportamento invulgar, raramente registado em qualquer outra espécie de serpentes indianas, é a dança de combate entre machos, que se enroscam uns nos outros no chão (Sethana K.R., 1958).

A serpente-rato costumava ser comida nalgumas partes de Malabar, em Kerala, sendo a serpente descamada ao passar a cauda primeiro através de um buraco na casca do coco. Em muitas partes do país, persiste a crença de que a cobra-rato é um macho de cobra.

RACER COM BANDAS OU RACER FASCIOLADO

Argyrogena fasciolatus (Show, 1802)

Inofensivo, não venenoso

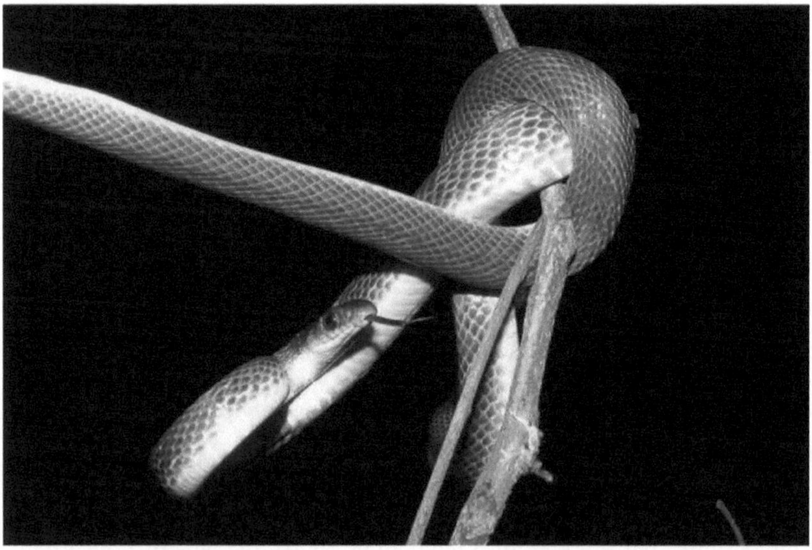

Cresce no máximo até 134 cm de comprimento, corpo com escamas lisas, cabeça com focinho ligeiramente pontiagudo, cauda afilada moderadamente longa. Os adultos são inteiramente castanhos claros ou escuros e os juvenis apresentam bandas brancas espaçadas regularmente. Estas bandas desaparecem à medida que a serpente cresce com a parte inferior branca amarelada.

Cobra de movimentos rápidos, vive em arbustos, pastagens, buracos de ratos e fendas de pedras. De temperamento tímido, achata o corpo quando alarmada, o que faz com que seja confundida com uma cobra, mas distingue-se da cobra por não conseguir levantar o capuz como faz a cobra e por ter a cabeça normalmente sem marcas.

Encontrada na Índia peninsular e no Paquistão, a norte dos Himalaias e a leste de Bengala Ocidental. Norte do Sri Lanka. Uma serpente agressiva quando perturbada, torna-se disciplinada em cativeiro e pode ser manuseada sem dificuldade. Alimenta-se de pequenos mamíferos como roedores e anfíbios. Hábitos de reprodução pouco conhecidos. Uma fêmea grávida tinha 5 ovos em fase inicial de desenvolvimento em janeiro. Deita 5 a 12 ovos entre fevereiro e abril. As crias foram recolhidas em julho.

COBRA KUKRI DE RUSSELL OU VARIEGADA

Oligodon taeniolata (Jerdon, 1853)

Inofensivo Não venenoso

Cresce no máximo até 58 cm, corpo esguio com cauda curta, várias formas de coloração corpo castanho-claro com manchas castanho-escuras e três marcas em "V" invertido na cabeça e no pescoço, parte inferior branca ou amarelada. Encontrada perto de povoações humanas, vive no solo.

Encontrada no subcontinente indiano, do Baluchistão a Purnea (Bihar) Sri Lanka. Em grande parte diurna. Uma serpente muito comum nas florestas sempre verdes a maior altitude dos Ghats Ocidentais.

Adora estender-se ao sol, nas rochas ou na relva, alimenta-se principalmente de ovos de outros répteis e de ovas de rã. Há pouca informação disponível sobre os hábitos de reprodução. Põe 7 a 9 ovos por volta de abril.

COBRA-DE-FAIXA-COMUM/COBRA-KUKRI

Oligodon arnensis (Shaw, 1802).

Inofensivo, não venenoso

Cresce até 66 cm. Corpo arredondado com pupilas redondas. Cor cinzenta ou castanho-avermelhada com cerca de 20 bandas castanhas pretas e geralmente 3 marcas pretas em forma de "V" na cabeça, enquanto a parte inferior tem por vezes manchas pretas. Muitas vezes confundido com o Krait com bandas.

Normalmente uma serpente das planícies mas nos Himalaias ocidentais, registada até 1620 M. em Almora. Encontrada na Índia peninsular, Nepal, Paquistão e Sri Lanka. Uma pequena serpente ativa, principalmente diurna e vista com mais frequência durante a estação das chuvas. Não é rara nas proximidades de habitações humanas, onde se instala em alvenarias de edifícios e paredes antigas. De temperamento tímido, geralmente não morde.

Alimenta-se de ovos de répteis, lagartixas, ratos e ratazanas. Sobrevivem com insectos e vermes que apertam a presa com 2-3 espirais antes de a engolir. As fêmeas grávidas foram obtidas em agosto e as crias em abril. Acredita-se que os casais permanecem juntos, muito tempo depois do acasalamento. Os ovos são em número de quatro ou cinco e são notavelmente alongados.

COBRA-DA-ÍNDIA OU COBRA-ARBORÍCOLA

Dendrelophis tristis (Daudin, 1803)

Inofensivo, não venenoso

Cresce no máximo até 169 cm. Corpo fino e comprido com cabeça achatada e alongada. Olhos grandes com pupilas redondas. Uma risca castanha ou bronze corre ao longo da parte superior do corpo, da cabeça à cauda. Escamas inferiores amareladas, verde-azuladas ou verde-claras e escamas labiais superiores amarelo-claras. Cauda longa e afilada.

Os bronzbacks vivem quase exclusivamente em árvores e arbustos, raramente vindo ao solo. Encontrado na Índia Peninsular e no Sri Lanka, comum no sul da Índia e ao longo dos Ghats Ocidentais.

Cobra ativa, de hábitos irrequietos e movimentos rápidos no solo, desloca-se rapidamente com o corpo anterior ereto e sobe às árvores com uma velocidade verdadeiramente espantosa. É uma serpente viva e corajosa, mas a sua disposição varia consoante o temperamento de cada um. Varia consoante o temperamento de cada um. Serpente diurna, alimenta-se principalmente de lagartos e rãs arbóreas, bem como de ninhegos de aves.

Foram obtidos exemplares ovíparos e grávidos de agosto a fevereiro. Pensa-se que o período de gestação é de quatro a seis meses e que os ovos eclodem. Quatro a seis semanas após a postura. Os ovos, em número de seis a sete, são postos em buracos de árvores por volta de abril.

SERPENTE DE SHAW OU LOBO BARRADO

Lycodon Striatus (Shaw, 1802)

Inofensivo, não venenoso

Cresce no máximo até 48 cm. Corpo preto ou castanho-escuro; com 11-18 bandas brancas ou amarelo-pálido cabeça achatada com olhos pretos escamas brancas no lábio superior e na parte inferior. Aspeto semelhante ao do chacra comum.

Uma serpente tímida que esconde a cabeça debaixo do seu rolo se for perturbada. Os sexos encontram-se juntos em agosto, quando a fêmea está a pôr ovos ou já os pôs em número de dois a quatro.

Encontrada no Srilanka, na Índia Peninsular, a oeste até ao Irão e a leste até Chota Nagpur. Alimenta-se de osgas e pequenos animais.

COBRA-LOBO COMUM

Lycodon aulicus (Linnaus, 1754). Inofensivo, não venenoso

Cresce até 80 cm. Corpo com escamas lisas e brilhantes, cabeça larga e plana, distinta do pescoço. Corpo castanho com uma larga faixa branca no pescoço e faixas brancas ou amarelas que diminuem em direção à cauda, olhos pretos, língua rosada com a ponta branca.

A serpente mais frequentemente observada perto e em habitações humanas. Sri Lanka, subcontinente indiano, ilhas Maldivas, Myanmar até à Indochina, sul da China, Malásia, Indonésia, Filipinas. Uma das serpentes mais comuns das planícies indianas.

A cobra-lobo comum é a espécie mais frequentemente encontrada no interior das casas, quer no campo, quer em zonas urbanas muito congestionadas. Esconde-se durante o dia em fendas de alvenaria ou debaixo de caixas, pedras ou qualquer outro esconderijo conveniente. É uma serpente viva, que ataca facilmente quando é provocada, como a maioria das outras serpentes. No entanto, habitua-se rapidamente ao manuseamento em cativeiro.

É uma excelente trepadora, capaz de subir superfícies verticais quase lisas, trepando com o ar das suas costelas e com as bordas livres dos seus escudos abdominais. A cobra-lobo prefere lagartos, mas come pequenos animais que consegue dominar. Também come ratinhos e ratos. Aparentemente, nos primeiros seis meses do ano, quando várias fêmeas grávidas foram recolhidas. Os ovos são postos entre fevereiro e julho, em número variável de quatro a onze. O número de ovos de uma ninhada depende do tamanho da serpente, sendo que as maiores põem mais ovos.

Período de gestação e incubação desconhecido As crias à nascença têm 17 a 19 cm de comprimento. A maturidade sexual ocorre por volta dos 2 anos. É frequentemente confundido com o chacal comum devido ao seu padrão de colónia quase idêntico.

A SERPENTE DE CABEÇA NEGRA DE DUMERIL

Sibynopis subpunctatus (Dum e Bibr, 1854)

Inofensivo, não venenoso

Cresce no máximo até 46 cm de comprimento, corpo cilíndrico com cabeça preta. Corpo castanho avermelhado claro com uma única linha de pequenos pontos pretos.

Semelhante à cobra coral esguia, mas as escamas do ventre são esverdeadas/esbranquiçadas e não vermelho coral. Terrestre por natureza.

Registada como tendo-se alimentado de lagartos jovens em cativeiro, pouco se sabe sobre a biologia geral desta serpente.

COBRA DE REMANSO COM QUILHA DE XADREZ

Xenochrophis piscator (Schneider, 1799)

Inofensivo, não venenoso

Cresce até 1,5 metros. Uma serpente bastante robusta com cabeça, com narinas em forma de fenda e olhos moderadamente grandes. A cauda corresponde a um terço do comprimento total. Possui escamas fortemente quilhadas e cinco filas de manchas negras sobre um fundo amarelo ou oliváceo.

Cabeça castanho-azeitona com duas estrias pretas, uma por baixo e outra por trás do olho. O ventre é branco ou amarelado. Encontra-se em todo o subcontinente indiano, desde o Baluchistão até Assam.

Os recém-nascidos podem apresentar duas manchas claras nos parietais que desaparecem com a idade. De um modo geral, a cor do solo pode ser verde-escuro.

A serpente de água doce mais comum. Para além das zonas da Índia, ocorre no Nepal, Butão, Bangladesh, Paquistão e Sri Lanka. Uma das serpentes indianas mais comuns. Frequenta a água e é muito comum em tanques, arrozais, piscinas e rios.

Ataca rapidamente com grande determinação, agarrando-se tenazmente. Ergue e achata o corpo antes de atacar. Mas os temperamentos variam e algumas são muito calmas. É uma serpente extremamente ativa, capaz de saltar do chão e de o fazer repetidamente se for perseguida. Nas zonas áridas, a serpente estivaliza durante o verão, voltando a aparecer nas monções. No norte, hiberna no inverno e alimenta-se principalmente de rãs, sendo frequente a captura de peixes e também de girinos. Um espécime foi registado a alimentar-se de peixes *Anabas testudines* e perdeu a vida (Paliwal, G.T. et al., 2013).

A fêmea é mais comprida em comprimento total, mas tem uma cauda mais curta; aparentemente, os pares permanecem juntos durante um período considerável, mesmo depois de a fêmea estar ligada aos ovos. A cópula foi observada a partir de outubro e as fêmeas com ovos foram obtidas de novembro a maio.

O período de gestação é de 55 a 67 dias. Uma das serpentes indianas mais prolíficas. O tamanho da ninhada varia de 10 a 90 ovos. O tamanho dos ovos é de 18x27 mm. O período de incubação varia de 37 a 51 dias. A fêmea é a provável incubadora dos ovos. Os ovos são geralmente postos num buraco no solo perto de água; o comprimento dos recém-nascidos varia entre 170 e 215 mm.

Um comportamento curioso desta serpente é o hábito de fingir a morte quando é atacada por um predador como o mangusto. A secreção das grandes glândulas parótidas é fatal para pequenos mamíferos, aves, rãs, lagartos e sapos em experiências laboratoriais; mas não tem qualquer efeito no homem e nos grandes mamíferos (Fraser, A.G.L., 1937).

PATA-DE-VACA LISTRADA

Amphiesma stolata (Linnaeus, 1758).

Inofensivo, não venenoso

Cresce até 80 cm. As fêmeas são consistentemente mais compridas do que os machos. O corpo esguio e castanho afunila em direção à cauda; riscas castanhas claras ou amarelas percorrem o corpo da cabeça à cauda. Parte anterior do corpo com bandas pretas ou castanhas escuras que contêm manchas esbranquiçadas. Cabeça castanho-acinzentada clara com escamas labiais amarelas. 2 linhas pretas atrás dos olhos. Parte inferior amarela.

Habita margens de rios e zonas pantanosas, desde Sind, a oeste, até ao sul da China, a leste; Indochina. Na Índia, é uma serpente comum nas planícies e mais rara nas colinas. É uma serpente notavelmente inofensiva e gentil, comum em campos de relva e zonas cultivadas de campo aberto durante as chuvas, estando a sua escolha de habitat relacionada com a sua alimentação. As rãs e os sapos escondem-se frequentemente em buracos no solo ou na alvenaria de esgotos e bueiros. Essencialmente diurnos, quando alarmados, alguns achatam o pescoço e a parte anterior do corpo e vermelhão na base das escamas.

Aestivam durante o tempo quente, aparecendo em abundância apenas durante as chuvas. Hiberna durante o tempo frio no norte da Índia. A alimentação é quase exclusivamente constituída por rãs e sapos. Os espécimes indianos alimentam-se sobretudo de rã-cobra, rã-touro jovem e sapos comuns jovens.

Os sexos estão equilibrados na maior parte do país, mas em Assam as fêmeas parecem ser duas vezes mais numerosas.

O acasalamento ocorre aparentemente de abril a agosto e os ovos são postos de maio a setembro em qualquer abrigo subterrâneo conveniente. Pensa-se que a incubação varia consoante a temperatura.

Os ovos, de cor branca pura, aderem e formam um cacho aquando da postura. Os ovos medem 22x16x35x18 mm. As ninhadas variam em número de 1 a 14, mas o número habitual é de 5 a 10. Os recém-nascidos medem 133 a 177 mm.

QUILHA VERDE PARA TRÁS

Macropisthodon plumbicolor (Cantor, 1839)

Inofensivo, não venenoso, diurno

Cresce no máximo até 94 cm, corpo robusto e verde com escamas quilhadas e cauda curta. Grandes olhos verde-dourados com pupilas redondas. Adultos verdes, por vezes com manchas brancas na parte anterior do corpo.

Os juvenis apresentam manchas negras na parte anterior do corpo. Os juvenis apresentam uma marca preta em "V" invertido na cabeça e faixas negro-azuladas, que desaparecem à medida que a serpente cresce.

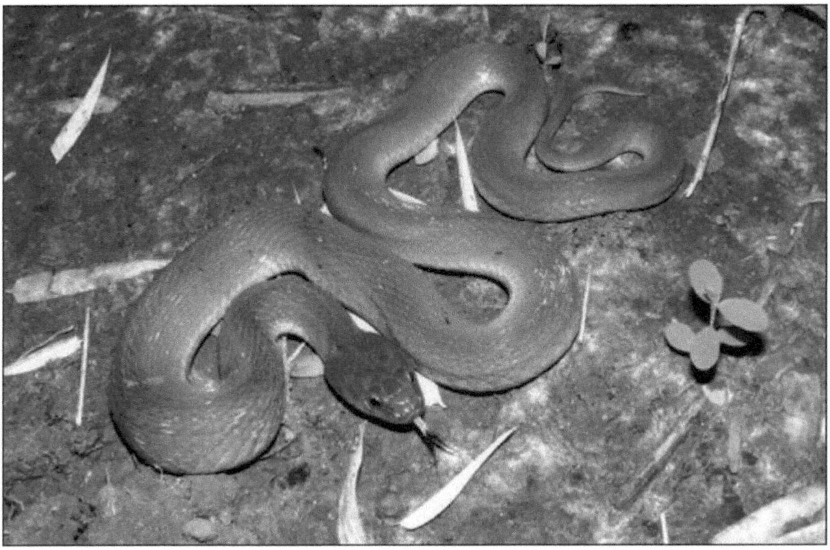

Esta espécie ocorre em toda a Índia, exceto no vale do Ganges e no extremo noroeste do Sri Lanka. Principalmente uma serpente das colinas que formam altitudes entre 600-1800 m, frequenta ervas e vegetação rasteira. Uma serpente singularmente gentil e inofensiva, ergue o seu corpo e achata o pescoço como uma Cobra; daí o nome Tamil "Cobra Verde".

Embora seja frequentemente visto em ervas e arbustos durante o dia, limita os seus movimentos à noite. Aestivam durante o verão. Alimenta-se mais ou menos exclusivamente do sapo-comum, mas ocasionalmente come outros anfíbios e lagartos. A secreção das grandes glândulas parótidas é tóxica para as rãs e sapos (Fraser, A. GL, 1937). Hábitos de reprodução não bem conhecidos: os ovos foram obtidos em março-junho e as crias de abril-setembro. Os ovos, em número de 7-16, medem 136 a 168 mm.

QUILHA OLIVÁCEA

Atretium schistosum (Daudin, 1803) Inofensivo, Não venenoso, Diurno

Cresce no máximo até 100 cm. Corpo robusto e escamas cilíndricas quilhadas. Os olhos têm pupilas redondas. Uniforme de verde-azeitona a castanho, geralmente com a parte inferior amarela, cauda longa, cabeça ligeiramente achatada, narinas colocadas bastante alto como nas cobras de água.

Encontrada geralmente perto da água, na Índia peninsular a sul de 15° de latitude norte e ao longo da costa leste até U.P., Srilanka, muito comum em redor de Bangalore e também no distrito de North Arcot em Tamil Nadu e na zona de Cocanada em A.P. Vive na água ou ao longo da vegetação circundante.

Estiva em tempo quente. Reproduz-se durante as chuvas e os ovos são postos de janeiro a abril. Os ovos, em número de 10 a 32, são brancos, moles e têm 30 a 35 mm de comprimento. Os recém-nascidos medem 169 a 174 mm.

COBRA-GIGANTE-INDIANA OU COBRA-GATO

Boiga Trigonata (Schneider, 1802) Inofensiva, semi-venenosa, Nocturna

Cresce no máximo até 125 cm. Corpo e cauda longos e finos, ligeiramente comprimidos. Cabeça grande com grandes olhos de gato e pupilas verticais castanho-claro com marcas em ziguezague castanho-escuro. Uma risca castanha atrás de cada olho. Assemelha-se à venenosa víbora escamada da serra. Essencialmente arborícola, frequentando arbustos, matagais ou árvores, geralmente junto ao solo.

Habita também zonas sem abrigo ou vegetação. Toda a península indiana, desde o Baluchistão (Paquistão), a oeste, até Assam, a leste, e Sri Lanka. Uma serpente bastante comum na Índia, atingindo cerca de 1500 mm nos Himalaias ocidentais.

Uma serpente nocturna que se encontra normalmente nas ruas durante a noite. Nos arbustos, enrola-se num monte de lixo e não se reclina com o corpo estendido como as outras cobras. Muito comum nas florestas de folha perene e de folha caduca do Norte da Índia. Excelente trepadora, pode saltar de uma boa altura para o solo. Apanha-se pela cauda, trepa pelo próprio corpo e morde.

Por vezes, quando apanhada pelo pescoço, ejecta da glândula anal um jato malcheiroso de secreção amarela e branca, de cheiro persistente (Hulton, Angus. F.,1949). A secreção da parótida é letal para os lagartos e altamente tóxica para os ratos. A sua postura marcante é caraterística: a cabeça e o corpo dianteiro estão bem erguidos do chão e este último é lançado em forma de oito, estando a cabeça equilibrada no meio;

o golpe é desferido com determinação e maldade, com os maxilares totalmente abertos e as ancas esticadas ao máximo.

Alimenta-se quase exclusivamente de lagartos, em cativeiro alimentou-se de pequenas aves, mamíferos e lagartos, matando-os por constrição. As fêmeas grávidas foram obtidas de maio a agosto e os ovos em setembro. Os ovos, em número variável de 3 a 1, medem 30x10 mm, as crias foram obtidas em março e julho, medindo 237-360 mm. A víbora escamada da serra e a cobra-gato podem ser facilmente separadas pela ausência de escudos na cabeça da víbora.

COBRA-GATO DE FORSTEN

Boiga forsteni (Dum e Bibr, 1854).

Inofensivo, Semi-venenoso, Noctural

Cresce no máximo até 230 cm. Pescoço distinto da cabeça triangular e larga, olhos grandes com pupilas verticais. Castanho ou cinzento, com faixas ou controlos alternados de cor castanha escura e castanha clara ou cinzenta no corpo.

Risca escura dos olhos ao pescoço e no cimo da cabeça. Parte inferior com pequenas manchas castanhas. Esconde-se de dia em buracos ou ramos de árvores e caça presas no chão; de noite, quando é perturbada, forma uma série de espirais, levanta o corpo do chão, assobia e ataca repetidamente com a boca aberta; alimenta-se de ovos, pequenas aves, lagartos, ratos e, ocasionalmente, morcegos.

COBRA VERDE COMUM OU COBRA CIPÓ

Ahaetulla nasuta (Lacepede, 1789)

Inofensivo, não venenoso, diurno

Cresce até 200 cm. corpo e cauda finos e compridos, cabeça alongada e pontiaguda, grandes olhos amarelos dourados com pupilas horizontais, corpo verde claro ou escuro, por vezes com uma tonalidade azulada.

Parte inferior verde-clara com uma fina linha branca de cada lado. A cor castanha assemelha-se à da cobra castanha da vinha. A cor verde é produzida pela interação de um pigmento amarelo nas escamas com o azul da pele.

Encontrada na Índia peninsular, com exceção do vale do Ganges, a oeste de Patna, a leste de Myanmar e no Sri Lanka. Habitante essencialmente das planícies e das terras altas baixas, é mais frequente nos arbustos baixos e nos matagais das selvas e nos jardins e bosques das zonas povoadas.

Uma serpente comum. É diurna, geralmente reclina-se nos ramos mais altos dos arbustos e escapa à atenção pela sua coloração críptica. É uma serpente elegante, com uma velocidade maravilhosa sobre a folhagem, o corpo esguio e leve é capaz de se apoiar no mais ínfimo galho ou caule. Quando alarmada, ergue a cabeça e o corpo dianteiro e a dilatação do corpo dianteiro faz sobressair a coloração preta e branca da pele.

A sua dieta é católica e é conhecida por comer pequenos mamíferos, aves, lagartos e, ocasionalmente, outras cobras, peixes, rãs e girinos (Kunte, K. , 1990). Ao avistar a presa, o corpo anterior liberta-se lentamente, enrola-se e enrola-se em ziguezague e, no momento oportuno, lança-se para a frente para apanhar a presa infalivelmente atrás da cabeça, arrastando-a para fora do seu suporte e mantendo-a pendurada até cessar a sua luta.

A serpente é ovovivípara e as crias nascem livres do casulo. O aparecimento das crias ocorre geralmente entre março e dezembro. O período de gestação é conhecido como sendo de 172 dias (Simon E.S., 1944).

A cópula foi observada em junho.

O número de crias varia entre 3 e 23. À nascença, as crias têm 260 a 440 mm de comprimento. A cobra chicote é ligeiramente venenosa, sendo o veneno semelhante ao da cobra no que respeita aos sintomas. No homem, o veneno geralmente não tem efeito. Mas, ocasionalmente, pode ocorrer inchaço e números da área mordida.

CRATO BANDIDO

Bungarus fasciatus (Schneider, 1801)

Nocivo, Venenoso, Noturno

Cresce no máximo até 225 cm. Marca em "V" invertido no topo da cabeça, bandas largas pretas e amarelas circundam o corpo. A cauda tem uma secção transversal triangular, com a ponta romba e arredondada. As faixas são mais ténues na parte inferior. Escamas lisas e brilhantes. Olhos quase totalmente negros. Prefere zonas abertas e matagais, mas é frequente observá-la em zonas povoadas. No nordeste da Índia peninsular, sendo o registo mais meridional o de Hyderabad, não é raro em Assam e no Bangladesh, tornando-se progressivamente invulgar para oeste. Durante o dia, pode deitar-se na relva, em buracos ou em esgotos, frequenta locais húmidos e a proximidade de água, é extremamente lento e permanece letárgico mesmo sob provocação. É mais frequente durante as chuvas.

Alimenta-se principalmente de cobras e, entre as cobras capturadas, encontram-se a cobra-rato ou Dhaman, a cobra-gato, a cobra-rainha e a cobra-rainha-listrada. Também se alimenta de rãs, ovos de cobras e, ocasionalmente, de peixes. Pouco se sabe sobre os seus hábitos de reprodução. Em Myanmar, uma fêmea foi desenterrada enquanto incubava uma ninhada de oito ovos, quatro dos quais eclodiram em maio (Evans, G.H. 1906). As crias medem entre 298 mm e 311 mm quando eclodem. A serpente, tal como outros kraits, é venenosa, mas não há registo de uma mordedura por esta espécie.

CRATO COMUM

Bungarus caerulues (Schneider, 1801)

Nocivo, venenoso, Noturno

Cresce até 175 cm. As escamas vertebrais alongadas e hexagonais, o ventre branco uniforme e as estreitas barras transversais brancas no dorso, mais ou menos distintamente aos pares, distinguem o corpo espaçoso, bastante longo e o pescoço cilíndrico evidente.

Olhos bastante pequenos, escamas brilhantes. Íris preta, pupila indistinguível. Cauda curta, com um sexto a um décimo primeiro do comprimento total. Pelos negros brilhantes ou negros azulados, com barras transversais brancas estreitas emparelhadas, indistintas ou ausentes anteriormente. Nos jovens, as barras transversais são bem definidas e visíveis, mesmo anteriormente.

Habita uma vasta gama de biótopos na Índia peninsular, desde Sind (Paquistão) até às planícies de Bengala Ocidental e a sul até ao cabo do Sri Lanka. O Krait comum habita os campos, os matagais baixos e é comum na proximidade de habitações humanas, fixando-se frequentemente no interior das casas. É frequente encontrá-lo perto ou dentro de água. É noturno e há registo de muitos casos de pessoas que dormem no chão e são mordidas por um Krait que se desloca nas proximidades, sem saberem que estão a rolar ou a colocar uma perna ou uma mão durante o sono. Alimenta-se principalmente de cobras, incluindo outros kraits, ocasionalmente rãs, lagartos e pequenos mamíferos também são apanhados.

O macho é maior em comprimento total e tem uma cauda mais comprida. O acasalamento ocorre aparentemente em fevereiro e março. A secreção das glândulas anais, que tem um cheiro desagradável para o homem, pode talvez ajudar no reconhecimento. Sabe-se que a fêmea fica com os ovos. O tamanho da ninhada varia de 6 a 15 e os ovos medem 35 x 19 mm. Os ovos eclodem de maio a julho.

O veneno, segregado por glândulas na região temporal da cabeça, é um líquido límpido, de cor âmbar. O veneno é mais tóxico do que o da cobra e actua como neurotoxina e heamotoxina, paralisando o centro respiratório e destruindo os contadores envolvidos. O veneno da caranguejeira é 15 vezes mais potente que o da cobra.

As cobras e o Krait são uma das serpentes venenosas mais mortíferas do mundo (Haast, W. E. e M.L. Werner, 1953). Os sintomas são uma dor ardente no local da picada, que desaparece algum tempo depois, dores abdominais violentas, provavelmente devido a hemorragia e paralisia, devendo ser injectados soro polivalente, de preferência por via intravenosa, logo que possível após a picada. O doente deve ser mantido sob cuidados intensivos durante cerca de 12 horas após o tratamento.

COBRA CORAL DELGADA

Calliphis Melanurus (Shaw, 1802)

Nocivo, Venenoso, Noturno

Cresce no máximo até 35 cm. Corpo pequeno, fino e cilíndrico, de escamas lisas. Castanho claro com cabeça e pescoço pretos, cauda com dois anéis pretos, parte inferior do corpo vermelho coral, escamas sob a cauda azul-acinzentadas pretas.

Encontra-se principalmente no subsolo, em fendas, subtons e folhas secas. Quando perturbada, enrola a cauda para cima. Em cativeiro, alimenta-se de minhocas. Põe 2 a 7 ovos debaixo de folhas secas ou em fendas.

COBRA ÍNDIA

Naja naja (Linnaeus, 1758)

Nocivo, Venenoso, Diurno/Noturno

Cresce no máximo até 220 cm. Cabeça distinta com narinas grandes e grandes olhos pretos com pupilas redondas. Corpo amarelado, castanho-escuro ou preto. Marca de óculos apenas quando o capuz está aberto. Esta marca está sujeita a variações consideráveis e pode mesmo estar ausente quando a pele dorsal está esticada. As marcas do capuz são visíveis e o capuz, fortemente dobrado no atlas, é levado em ângulo reto em relação ao capuz.

São reconhecidas três espécies com base no padrão do capuz. As cobras são ecléticas no seu habitat. Ausentes no deserto e nas colinas acima dos 1800 m, ocorrem desde a Transcaspia, a norte, passando pelo subcontinente indiano e pelo sul da China, a leste, até às Filipinas, a sul.

Encontra-se em quase todo o lado, na selva densa, em terrenos cultivados abertos e em zonas povoadas, onde as velhas construções de alvenaria são o refúgio ideal. Normalmente não são agressivas e muitas vezes são extremamente tímidas, mas ocasionalmente violentas e agressivas quando perturbadas, as crias são muito mais perigosas do que os adultos; sendo mais facilmente excitadas e prontas a espicaçar repetidamente e com determinação quando alarmadas, adoptam a bem conhecida pose com o corpo anterior ereto e o capuz aberto. A altura a que o corpo dianteiro se eleva corresponde aproximadamente a um terço do comprimento total da serpente e constitui o alcance efetivo de ataque; assim posicionada, a serpente balança-se para trás e para a frente, sibilando de forma explosiva, breve e aguda durante a inspiração e mais longa, mais ruidosa e intermitentemente explosiva durante a expiração.

A língua oscila para dentro e para fora durante a inspiração e a expiração. A mordedura é muitas vezes um simples estalido, mas por vezes morde e fica agarrada às mandíbulas, que têm de ser forçadas a abrir. Por vezes, quando a serpente falha, o veneno é expelido sob a forma de um jato pela força do impulso da serpente que se lança. Alimenta-se principalmente de ratos, rãs e sapos, mas também de aves, lagartos, outras cobras, incluindo outras Cobras, e rouba ovos de invertebrados. Os ovos são engolidos inteiros e digeridos em cerca de 48 horas (Bannerman, W. B, 1906).

O acasalamento foi observado em janeiro e a maioria dos ovos é posta em abril/maio, mas foram obtidas ninhadas até agosto. O período de gestação é de cerca de 62 dias, mas pode prolongar-se consideravelmente, os ovos eclodem em 4869 dias. Doze a vinte e um, num caso.

Os ovos são de casca mole, ovais e alongados, medindo 49x28 mm, e sabe-se que ambos os progenitores incubam. As crias medem 250-280 mm à nascença. As glândulas de veneno estão activas desde o nascimento.

O veneno é um líquido límpido e viscoso, de aspeto e consistência semelhantes aos do azeite, que se solidifica numa massa amorfa. A quantidade segregada varia com a idade, a vitalidade e o temperamento do animal e a descarga média numa picada é de cerca de 211 mg de peso seco.

COBRA MONOACELADA

Naja kaouthia (Lesson, 1831)

Nocivo, Venenoso, Diurno/Noturno

Cresce até 170 cm. Cobra venenosa mais mortífera, com as costelas anteriores alongadas, o pescoço pode expandir-se até formar um capuz; o osso maxilar estende-se para além do palatino na face anterior; o maxilar tem apenas presas ou, se as tiver, são seguidas de 1 ou 3 pequenos dentes sólidos; as escamas do corpo são lisas, as filas estão dispostas de forma oblíqua, as narinas são grandes.

A coloração dorsal é olivácea ou acastanhada a negra, com ou sem uma marca em forma de "O" ou monocelular amarela ou alaranjada no capuz, uma mancha negra na superfície inferior do capuz de cada lado e uma ou duas barras transversais negras largas no ventre atrás do capuz.

Distribuição na Índia: Assam, Bengala, Bihar, leste do Uttar Pradesh e leste dos Himalaias até ao Nepal: Uma serpente comum em toda a sua área de distribuição.

VÍBORA DE RUSSELL

Daboia russelii (Shaw e Noddes, 1797)

Nocivo, Venenoso, Noturno

Cresce no máximo até 180 cm. Corpo robusto e redondo, com cauda fina e curta, cabeça plana e triangular com pequenas escamas no topo. Narinas grandes, pupilas verticais. Corpo castanho com 3 filas de manchas castanhas escuras e ovais com rebordo branco, manchas negras escuras entre as marcas. Escamas inferiores e labiais brancas.

Amplamente distribuída no subcontinente indiano, desde o Baluchistão a oeste e Caxemira a norte dos Himalaias orientais e para leste até Myanmar, Tailândia, Indochina, Formosa, Arquipélago Indo-Australiano e Sri Lanka. Habitualmente nas planícies, mas foi registada até 2100 m no sul da Índia e 1800 m nos Himalaias ocidentais. Em algumas partes do país é muito comum, sendo rara noutras. É abundante no Punjab, muito comum ao longo da costa ocidental e das suas colinas e no sul da Índia em geral e até ao baixo Bengala.

Normalmente, é lenta e não ataca prontamente, a não ser que esteja irritada, quando morde com grande malícia e, ao atacar, lança-se para a frente, podendo mesmo sair do chão. A mordedura pode ser de estalo ou a serpente pode aguentar-se durante muitos segundos.

Em grande parte nocturna, os seus movimentos são lentos, nunca excedendo o rastejar e, se for perturbada, prefere muitas vezes manter-se no terreno, sibilando com raiva com os lados da audição. Os jovens são mais susceptíveis de serem agressivos e de morder. O seu principal alimento são os roedores mirídeos.

Em cativeiro, além de ratazanas e ratos, também comeu esquilos, musaranhos, pequenas aves, calotes e outros lagartos e rãs. As crias são frequentemente canibais.

A víbora de Russell é vivípara, os ovos fertilizados desenvolvem um invólucro branco como os ovos de outras serpentes, mas este invólucro, em fases avançadas, torna-se uma membrana transparente que se rompe antes do parto ou as crias podem nascer num cálice. Sacos com crias 43x20 mm.

As crias nascem entre maio e novembro, com um pico de nascimentos em junho e julho. O período de gestação é superior a seis meses. Uma das serpentes indianas mais prolíficas, produzindo frequentemente 30 a 40 crias. O máximo registado é de sessenta e três.

As presas atingem o seu tamanho máximo, sendo as maiores da víbora indiana, com um tamanho médio de cerca de 16 mm, e são móveis e só podem ser erguidas quando a boca se abre. As glândulas de veneno são pequenas e apresentam um aspeto estriado. O veneno é transparente, de reação ácida e tem um sabor semelhante ao da goma-arábica.

Quando seca, mantém a sua toxicidade e é facilmente solúvel em água. O rendimento total pode ser de cerca de 145 mg e cerca de 72 mg podem ser injectados numa picada. O veneno actua como um depressor do centro vasomotor e um destruidor do sangue. A pressão sanguínea baixa e o coração enfraquece. Os glóbulos vermelhos são destruídos, o poder de coagulação do sangue é reduzido e o revestimento dos vasos sanguíneos é destruído, provocando uma hemorragia interna extensa com dor e vómitos e hemorragias pelos orifícios do corpo.

No homem, os sintomas são uma dor intensa em queimadura ou picada ao sinal da picada, um inchaço rápido da zona e a saída constante de um soro sanguinolento fino da punção. O pulso torna-se rápido e fraco e a respiração rápida e irregular, acompanhada de fraqueza muscular, náuseas e vómitos, as pupilas tornam-se dilatadas e insensíveis à luz. Pode ocorrer a perda de consciência. A pele fica fria. A morte pode resultar de insuficiência cardíaca ou respiratória ou pode ocorrer septicemia em 1 a 14 dias ou mesmo mais tarde. O soro polivalente é um antídoto eficaz contra este veneno.

VÍBORA DE ESCAMAS DE SERRA

Echis carinata (Schneider, 1801)

Nocivo, Venenoso, Diurno

Cresce no máximo até 80 cm. Castanho pálido com um padrão em ziguezague com bordos brancos. A parte inferior é branca com pequenas manchas castanhas. Cabeça com pequenas escamas e uma marca de lança branca ou pálida no cimo da testa. Grandes olhos dourados com pupilas pretas verticais. O corpo arredondado tem escamas com quilha em forma de serra. Cauda curta. Habita principalmente o Paquistão e a Índia, a sul e a oeste do rio Ganges. Não há registos nas zonas de Cochin e Travancore, em Kerala, nem no Sri Lanka. Embora seja essencialmente uma serpente do deserto, ocorre em zonas semi-desérticas e de matagal quebrado. Pequena serpente alerta, é maioritariamente diurna e capaz de movimentos rápidos. Quando necessário, hiberna no inverno na sua área de distribuição setentrional, mas pode emergir para aproveitar o calor do sol, trepando frequentemente para arbustos e outra vegetação baixa. A prontidão com que morde à mais pequena provocação e a extrema rapidez do seu ataque tornam-no um réptil muito perigoso.

A sua postura é caracterizada por uma espiral solúvel em forma de 8 com a cabeça no centro. Alimenta-se principalmente de centopeias, escorpiões, insectos maiores, ratos, ratos-espinhosos, osgas e rãs. A víbora escamada da serra é vivípara, produzindo 3 a 15 crias de cada vez. Acredita-se que o acasalamento ocorre durante o tempo frio do norte da Índia e as crias nascem de abril a agosto e, ocasionalmente, noutros meses do ano. As crias à nascença medem 115 a 152 m.

As presas desta serpente são notavelmente longas e as glândulas de veneno em forma de amêndoa estão situadas atrás do olho. O rendimento médio em peso de veneno seco é de cerca de 18 mg, dos quais cerca de 12 mg são injectados numa picada. Diz-se que o veneno é 5 vezes mais tóxico do que o veneno da cobra, 16 vezes mais tóxico do que o veneno da víbora de Russell e é muito rapidamente absorvido. Pensa-se que a dose letal para o homem é de 5 mg.

O veneno actua principalmente como anticoagulante, destruidor das células sanguíneas e do revestimento dos vasos sanguíneos, depressor cardíaco e, de um modo geral, como depressor das células nervosas. Os sintomas locais são semelhantes aos da víbora de Russell. O soro polivalente é um antídoto eficaz contra o veneno. É essencial manter a vítima sob observação médica, uma vez que os efeitos retardados do veneno se revelam fatais mesmo muitos dias após a picada. Os rins são frequentemente danificados de forma irreversível.

VÍBORA VERDE/ BAMBU

Trimeresurus gramineus (Shaw, 1802) Nocivo, Venenoso

Cresce no máximo até 110 cm. Cabeça triangular achatada e larga, cauda preênsil, órgão sensorial semelhante a uma fossa colocado entre cada olho e narina. Cor verde-musgo, verde-amarelado ou verde brilhante, com um padrão fraco ou distinto ou preto no dorso. O padrão é mais escuro nos juvenis. Escamas labiais amarelas; parte inferior branca pérola ou amarelada.

Encontrada em florestas de montanha - Matheran, Lonavla, Bhandardara, Koyna, Mahabaleshwar, Kolhapur, Amboli, Melghat e Nagzira. Também se encontra em partes de Goa e Karnataka. Move-se lentamente. Normalmente observada durante as chuvas, embora raramente depois de outubro.

Frequenta a vegetação rasteira, mostrando uma preferência acentuada pelo bambu nas localidades onde ocorre. Normalmente preguiçoso durante o dia, pois repousa em ramos a 1,5 a 2 metros do solo, com a sua cor a fundir-se com o ambiente, quando provocado a atacar, ancora-se. Agarra-se firmemente com a cauda e o corpo posterior a um ramo e, com o resto do corpo em "S" largo, ataca com a boca aberta até onde consegue endireitar-se. A ação do veneno é fraca, mas dolorosa, consistindo em dor e inchaço da parte mordida, náuseas, omissão e febre. Os sintomas desaparecem em cerca de 48 horas. O seu alimento preferido são os pequenos mamíferos, mas aceita outros pequenos vertebrados, sendo também conhecida a ingestão de pequenos ratos, ratazanas, musaranhos, pequenas aves e lagartos.

Também se diz que foi apanhada uma cobra. A cauda vibra quando está prestes a atacar a presa. Vivíparo, produzindo 7 a 15 crias de cada vez. A maioria dos nascimentos ocorre em junho-julho. A ponta da cauda dos juvenis é de cor avermelhada.

SERPENTE DE TRINCA-FERRO DAS MONTANHAS

Coelogethus Helena monticollaris (Daudin, 1803)

Inofensivo, não venenoso, diurno/noturno

Cresce no máximo até 100 cm. Corpo esguio castanho-claro com bandas distintas castanho-escuras ou de matriz escura no corpo anterior e riscas no corpo posterior. O pescoço tem escamas ventrais brancas de colarinho semelhante.

Serpente terrestre que trepa às árvores em busca de presas. Levanta a cabeça quando é perturbada e ataca com a boca bem aberta. Alimenta-se principalmente de ratos, lagartos e pequenas aves. Põe 3-12 ovos em maio-junho.

COBRA LISA INDIANA

Coronella branchyura (Gunther, 1866)

Não venenosa, inofensiva, diurna/noturna

Cresce no máximo até 54 cm. Castanho ou verde com escamas ventrais brancas. Manchas esbranquiçadas na cabeça e no corpo anterior. Conhecida de algumas localidades de Maharashtra, prefere zonas de relva. Alimenta-se de lagartos.

COBRA INDIANA COMEDORA DE OVOS

Elachistodon westermanii (Reinhavdt, 1863) Inofensivo, Semi-venenoso, Noturno

Cresce no máximo até 80 cm. Corpo esguio e achatado. Cabeça alongada com grandes olhos pretos com pupilas elípticas, corpo anterior manchado de preto, castanho claro e branco suave.

Parte inferior creme com uma série de pontos pretos de cada lado. Assemelha-se à serpente de quilha com riscas de búfalo, à serpente-armadilha ou à serpente-gato. O seu hábito e habitat são pouco conhecidos, pois pensava-se que esta serpente estava extinta da Índia até à sua redescoberta em 2005.

Sobe às árvores em busca de presas. Levanta a cabeça e enrola o corpo dianteiro quando é perturbada. Pode atacar com a boca bem aberta, como uma cobra-trinca. Alimenta-se de ovos pequenos. Tem dentes estriados. Acredita-se que seja ovípara, pois o espécime tipo era uma fêmea grávida, contendo 7 ovos de tamanho 40x11 mm com casca relativamente pesada.

COBRA-LOBO MANCHADA DE AMARELO

Lycodon flavowaculatus (wall, 1907) Inofensivo, Não venenoso, Noturno

Cresce no máximo até 52 cm. As manchas amarelas no corpo preto tornam-na semelhante à cobra-lobo de faixa amarela. Tem nove supralabiais, a cobra-lobo de faixa amarela tem oito. A parte inferior é branca.

Uma serpente rara conhecida de algumas localidades de Maharashtra. De temperamento tímido, tenta fugir quando é abordada, mas pode morder ferozmente se for perturbada. É frequentemente confundida com formas manchadas de amarelo da serpente barrada. Alimenta-se de osgas e rãs e põe 3 a 4 ovos em junho.

Distribuição: na Índia Gujarat (distrito de Bhavnagar) Ghats ocidentais (Nashik, Oudi, Kirkee, Poona, Dharwar, Songle, Deolali) Índia Central (Buldan, Berar).

SERPENTE DA AREIA CONDANARUS

Psammophis condaonarus (Merrem, 1820)

Nocivo, Venenoso, Diurno

Cresce no máximo até 107 cm. Distingue-se pelas 17 filas de escamas atrás no meio do corpo e 13 filas à frente da cauda e pela presença de escudos hed, ventral arredondado e o escudo nasal posterior não dividido, de outras serpentes com filas de escamas semelhantes.

Serpente esguia e graciosa, com cabeça oval e uma cauda comprida que representa quase um quarto do comprimento total. Íris castanha, língua vermelha com a extremidade preta. Riscas dorsais alternadamente castanhas e verde-azeitona ou lustrosas, ventre amarelo sulfúreo ou amarelo prímula.

Pele entre escamas de cor negra. Habitat, distribuição e estatuto - países áridos e semi-áridos do Paquistão e da Índia peninsular até Bengala, a leste, e Andhra Pradesh, a sul. É uma serpente diurna dos prados e da selva aberta e não é tão desértica como as suas espécies afins. Alimenta-se de lagartos, rãs e, ocasionalmente, de outras cobras. Não existem informações exactas sobre a reprodução, mas pensa-se que se reproduz no verão.

SERPENTE DA AREIA DE LEITH

Psammophis leithii

Semi-venenosa, Diurna

Cresce no máximo até 89 cm. Corpo esguio de cor castanha clara com riscas castanhas escuras ou cinzentas escuras na parte superior do corpo. Escamas ventrais brancas. Levanta a cabeça quando é perturbada e ataca com a boca bem aberta. Alimenta-se principalmente de ratos, lagartos e pequenas aves. Põe 3-12 ovos em maio-junho. Distribuição - Índia: Gujarat, Uttar Pradesh, Maharashtra, Caxemira. Esta serpente prefere viver em prados, pântanos, zonas argilosas ou arenosas ao longo da costa marítima, onde existe muita vegetação arbustiva. Esta espécie é diurna e é uma boa nadadora. É uma serpente bastante comum.

COBRA-DA-AREIA

Psammophis longiformes (Boulenger, 1897)

Cresce no máximo até 123 cm. Esta serpente robusta tem a cabeça distinta do pescoço, o focinho é bastante comprido, os olhos são moderadamente grandes com pupilas redondas, a cauda é longa e delgada. A coloração dorsal é acinzentada na parte anterior, acastanhada na parte posterior, as escamas são orladas de preto, especialmente as escamas da região vertebral. O aspeto dorsal da cabeça é uniformemente castanho-acinzentado ou com escamas orladas de preto; o ventral é branco-acinzentado ou amarelado.

Distribuição: Índia - Gujarat, Maharashtra, Madhya Pradesh. Hábito e habitat - É a mais robusta das cobras-da-areia indianas, habitando zonas terrestres rochosas com muita vegetação, incluindo árvores e arbustos, uma vez que os seus hábitos são simultaneamente terrestres e arborícolas. Esta serpente tem uma preferência especial por doninhas como alimento, havendo muito pouca informação disponível sobre os seus hábitos de reprodução. Trata-se de uma serpente rara.

QUESTÕES DE CONSERVAÇÃO:

Ameaças:

Devido à falta de sensibilização para a função das serpentes no ecossistema circundante, à perda de habitat, aos atropelamentos, à caça furtiva, à perda da população de presas e à superstição, muitas serpentes foram vitimadas, o que as tornou vulneráveis durante as monções e menos nas outras estações.

Nas zonas rurais e tribais, como os distritos de Gondia e Bhandara, na parte oriental de Maharashtra, um número muito reduzido de serpentes foi resgatado das casas e dos locais públicos e um número maior de serpentes foi morto pelas pessoas devido ao medo e à falta de sensibilização e conhecimento sobre as serpentes.

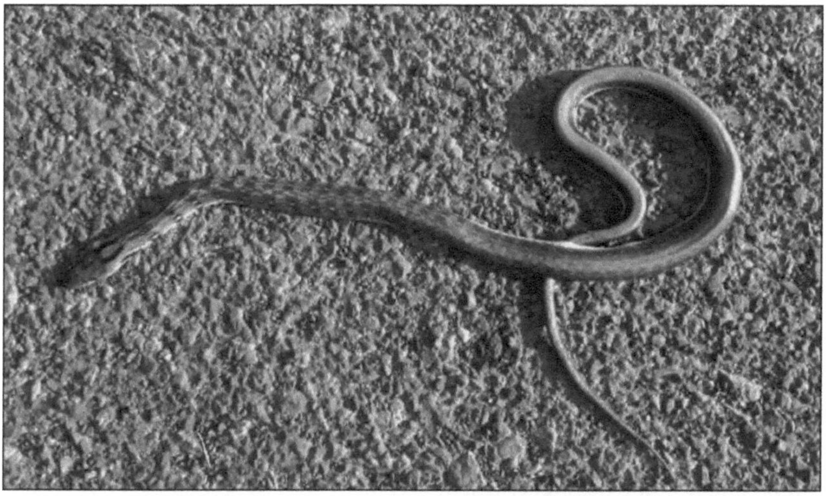

De acordo com o relatório do Times of India, a Índia tem cerca de 275 espécies de serpentes. Destas, cerca de 4% são conhecidas como venenosas e podem matar pessoas. Geralmente, as "quatro grandes" serpentes venenosas são responsáveis pela maior parte das mortes humanas: a cobra, o krait, a víbora de Russell e a víbora de escamas de serra. Antigamente, as pessoas chamavam-lhes "amigos dos formadores", mas devido à dinâmica populacional, à desflorestação e à urbanização, o sistema mudou e o nível de tolerância das pessoas diminuiu, não querendo coexistir com qualquer forma de vida.

As cobras podem controlar as populações de ratos e prevenir-nos de várias doenças, sendo importantes para manter o equilíbrio do ambiente. A morte de serpentes em acidentes de viação é um problema comum na nossa região, devido à densa cobertura florestal e à enorme biodiversidade do leste de Maharashtra.

São sempre encontradas mortas nas estradas devido aos veículos e a percentagem é sempre maior na monção, porque a taxa de procura de alimento e abrigo é maior na monção. As cobras encantadoras são uma das principais ameaças na nossa área. Ganham o seu sustento utilizando cobras. Capturam as serpentes da floresta e desarmam-nas com fios de metal finos. Abrem a glândula de veneno ou removem-na completamente.

Podemos compreender o que aconteceria sem o veneno para as serpentes. O veneno é constituído por enzimas digestivas, não é mais do que a saliva altamente modificada, contém zootoxinas que ajudam a controlar e a digerir as presas e a defender-se das ameaças. As principais vítimas das serpentes venenosas são as cobras, que costuram a boca para evitar as picadas. Estas serpentes não sobrevivem mais de dois ou três meses.

A caça furtiva de cobras é outra das principais ameaças. Em dezembro de 2013, os funcionários florestais de Deori, no distrito de Gondia, capturaram um grupo internacional de caçadores furtivos de cobras. O incidente teve lugar na fronteira entre Maharashtra e Chhattisgarh. Na referida operação, foram encontradas 43 variedades de serpentes venenosas e não venenosas. Nesta operação, foram detidas sete pessoas dos Estados de Bihar e Jharkhand. Após uma investigação pormenorizada, apurou-se que o principal acusado do incidente, Mohmmad Kamal, afirmou que a caça furtiva em causa era praticada para encantar serpentes. Neste incidente, foram encontradas a Cobra-espetáculo, o vinho castanho, o Krait, a Cobra-monocéfala, a Cobra-viperina-verde e a Jiboia-comum. Nas últimas décadas, foram registados muitos incidentes em Vidarbha (Maharashtra Oriental).

Segundo o Maharashtra Times, a base da caça furtiva internacional de cobras e veneno de cobras situa-se em Vidarbha (Maharashtra Oriental). As florestas de Nagpur, Gadchiroli, Chandrapur, Bhandara e Gondia têm muitas cobras. E muitos jovens tribais viram-se para a caça furtiva apenas por causa de alguns milhares. Recentemente, um caçador furtivo foi detido em Nagpur com veneno de cobra de cerca de 50 carcaças. A serpente Red Sand Boa está seriamente ameaçada e pode ser vendida a corretores a um preço inacreditável de mais de uma falta por serpente. As jibóias são mortas pelo seu valor medicinal para curar algumas doenças crónicas e as peles de outras cobras são utilizadas para fazer cintos e sacos.

Picada de cobra:

De acordo com a Sociedade Americana de Medicina Tropical e Higiene, na Índia, cerca de 46 000 pessoas estão a morrer devido a mordeduras de cobra. De acordo com as compilações do Ministério da Saúde e do Bem-Estar Familiar do Governo da Índia, foram registados mais de 24 000 casos de mordeduras de serpentes em Maharashtra, num total de 1,14 casos de mordeduras de serpentes na Índia entre 1 de abril e 31 de outubro.

As cobras indianas, como a Cobra, o Krait, a víbora de Russell e outras, são as espécies mais mortíferas e podem causar as maiores mordeduras graves e fatais. As mordeduras de serpentes continuam a ser uma causa subestimada de morte acidental na Índia moderna. Uma vez que uma grande proporção dos totais globais de mordeduras de cobras provém da Índia, os totais globais de mordeduras de cobras também podem estar subestimados. A educação da comunidade, a formação adequada do pessoal médico e uma melhor distribuição de anti-veneno, especialmente nos 13 Estados com maior prevalência, poderiam reduzir as mortes por mordedura de cobra na Índia (Mohapatra, et al., 2011).

As populações rurais e tribais do Maharashtra oriental raramente usam calçado e luzes à noite, de manhã cedo ou ao fim do dia, quando caminham por terrenos agrícolas ou por terrenos baldios. A maioria das mordeduras de serpentes ocorre à noite, porque as serpentes venenosas nocturnas ou parcialmente nocturnas preferem a escuridão à volta das habitações humanas e dos campos de arroz ou de culturas.

A maior parte dos casos ocorre em habitações de populações rurais, como cabanas e casas de barro, que não são higiénicas e, por isso, as presas, como as ratazanas, fazem buracos que são ocupados pelas serpentes. Na Índia, estima-se que se perdem entre 35 000 e 50 000 vidas por ano devido à mordedura de serpentes. Embora todos os anos ocorram cerca de 2000 mortes devido a mordeduras de cobras em Maharashtra, a maioria não é registada porque muitos aldeões recorrem a curandeiros tradicionais.

O atraso na procura de ajuda médica ou a ignorância dos médicos de cuidados primários sobre o tratamento correto da mordedura de cobra são responsáveis pela elevada morbilidade e mortalidade (Punde, 2005). As mordeduras de serpentes provocam vários quadros clínicos, dependendo da espécie de serpente envolvida e da gravidade do envenenamento (Kerrigan, 1991). O veneno das serpentes contém enzimas proteicas, que podem ser divididas em três grupos: venenos citotóxicos (Viperidae), neurotóxicos (Elapidae) e hemotóxicos (colubridae). O efeito citotóxico provoca dor local, edema e necrose dos tecidos, com possível coagulopatia, choque hipovolémico, insuficiência renal e morte. O resultado neurotóxico consiste em sonolência, perturbações visuais e dificuldade respiratória. A toxicidade hematológica pode manifestar-se através de hemorragias que podem evoluir para coagulopatia intravascular disseminada. Nas mordeduras de serpentes venenosas e não venenosas, a ansiedade é uma manifestação predominante. As mordeduras de serpentes não venenosas também podem deixar marcas de perfuração e inchaço no local da mordedura (Hider et al., 1991).

É urgente educar a população rural sobre os perigos do envenenamento e promover políticas de saúde pública destinadas a melhorar o tratamento e a prevenção das mordeduras de serpentes. É também muito importante formar e educar o pessoal não médico para lidar com as vítimas de mordeduras de serpentes quando chegam aos serviços de urgência. Deve ser dado um passo essencial para a criação de um museu da serpente, que ajudará a identificar o tipo de serpente que picou o paciente, promovendo o melhor tratamento (Nagaraju, 2015).

Embora a mortalidade por mordeduras de serpentes a nível mundial esteja estimada em 30 000 a 40 000 pessoas por ano, a maioria das mortes (25 000 a 35 000) ocorre no Sudeste Asiático, principalmente devido a um tratamento médico deficiente, à subnutrição das vítimas e a um grande número de espécies venenosas. Embora se registem 8.000 mordeduras de cobras venenosas por ano nos Estados Unidos, o número médio de mortes anuais é de apenas uma dúzia por ano - menos do que as atribuídas a picadas de abelhas e quedas de raios. No México, morrem anualmente 10 vezes mais pessoas por picadas de abelha do que por mordeduras de cobra.

O número de cascavéis utilizadas pelas suas peles é insignificante em comparação. Centenas de milhares de cobras vivas são recolhidas para venda no comércio internacional de animais de estimação. Cerca de 100.000 pítons-bola e 30.000 jibóias são importadas anualmente para os Estados Unidos. A retirada de um número tão elevado de cobras da natureza ameaça a sobrevivência destas espécies e muitas populações de cobras estão em declínio devido à captura e à destruição do habitat.

O perigo dos peixes exóticos:

Os distritos de Gondia, Bhandara, Chandrapur e Gadchiroli, na parte oriental de Maharashtra, são muito conhecidos como "Distrito dos Lagos". Devido ao facto de as zonas húmidas albergarem flora e fauna, algumas das cobras nativas também proliferam a sua população em função do habitat de água doce. No entanto, devido à invasão de alguns peixes exóticos nas massas de água do Maharashtra Oriental, muitas das espécies e populações de serpentes diminuíram nas regiões.

Estudo de caso (Paliwal e Bhandarkar, 2014):

O Koi é um peixe exótico também conhecido como peixe trepador, *Anabas testudineus* (Bloch, 1792) (Perciformes:Anabantidae) introduzido no Bangladesh a partir da Tailândia em 2002 (Kohinoor et al., 2010). É de cor verde-clara a escura, coberta por escamas ciclóides, com manchas pretas na barbatana caudal. Distribui-se na Ásia e na China, estando altamente adaptada a ambientes desfavoráveis. Possui órgão respiratório acessório, pois o peixe fica enterrado na lama para sobreviver na estação seca. Possui fortes espinhos nas barbatanas para trepar por terra. Alimenta-se de larvas de mosquito. As sementes de carpas maiores foram introduzidas por pescadores da comunidade Bengali, trazidos de Bengala Ocidental. A semente de Anabas pode ter sido misturada com a semente da carpa maior e introduzida acidentalmente em Maharashtra.

A perca trepadora é conhecida por matar alguns peixes, aves aquáticas e espécies de répteis que a predam. Os espinhos afiados da barbatana dorsal ficam presos na garganta ou no estômago do predador (Lawrence, 1995; Miller et al., 1995; Storey et al., 2002). Durante o estudo, verificou-se que a serpente de água, *Xenochrophisis piscator*, que se alimenta principalmente de peixes, morreu depois de se alimentar de uma perca trepadora. Isso se deve ao fato de que os espinhos afiados rasgam a boca das cobras e os peixes tentam escapar, o que resulta na morte imediata das cobras. Observa-se que a serpente não consegue engoli-los facilmente devido à dura barbatana espinhosa e demora mais tempo a engoli-los. As serpentes são sempre encontradas mortas na zona marginal da albufeira.

A taxa de mortalidade do dorso de quilha axadrezada, vulgarmente conhecido por Dhondya, e considerado um amigo dos agricultores, está a diminuir gradualmente devido à multiplicação mais rápida da população de Anabas na barragem nos últimos anos. Este é o primeiro relatório sobre a morte de répteis por peixes exóticos como o Anabas na albufeira de Navegaobandh do Parque Nacional de Navegaon, no distrito de Gondia, em Maharashtra. Foram registadas constatações semelhantes do impacto de peixes exóticos em tipos de ecossistemas na Índia. Hitchcock (2008) registou Anabas da Ilha Saibai da Austrália como uma espécie de peixe nocivo potencialmente invasor. Recomenda-se que sejam iniciadas medidas adequadas de gestão e conservação na albufeira de Navegaonbandh o mais cedo possível, caso contrário a perda de espécies de répteis pode aumentar. Devem ser tomadas medidas imediatas para erradicar esta espécie de peixe "assassina".

A serpente de água, Xenochrophisis piscator, alimenta-se principalmente de peixes, tendo morrido depois de se alimentar de uma perca trepadora.

A serpente não consegue engoli-las facilmente devido à barbatana espinhosa dura e demora mais tempo a engoli-las. As serpentes são sempre encontradas mortas na zona marginal do reservatório devido ao facto de rasgarem a pele.

Primeiros socorros em caso de picadas de cobra

Manter a vítima calma e imóvel.

Remover roupas ou jóias apertadas após a mordida.

Transportar a vítima num veículo, não a deixar andar ou correr.

O único remédio para a mordedura de cobras venenosas é o anti-veneno

Não fazer nenhuma das seguintes acções

Não utilizar ligaduras.

Não cortar a mordedura da cobra.

Não utilizar gelo sobre a picada.

Não administrar nenhum medicamento sem indicação do médico.

Não elevar a zona da picada acima do coração da vítima.

Não dar chá/café.

Não tentar aspirar o veneno com a boca.

Muitas serpentes são sempre encontradas mortas por acidentes rodoviários ou por pessoas em habitações semi-rurais ou urbanas: Compilação de imagens na zona oriental de Maharashtra.

Bibliografia:

Bagla, Pallava (2002): "Indian Snake charmers fade, Blaming Eco-laws TV" National Geographic News. Recuperado em 2007- 11-27

Bannerman, W.B. (1906): Note on the digestion of eggs by cobras and daboias. Ibid 16: 363.

Bloch, M. E. (1792). Naturgeschichte der auslandischen Fische. Berlin. Naturg. Ausl. Fische 6: i-xii+1-126, pls 289-323

Chari, V.K. (1950): Um dhaman ou cobra-rato Ptyas mucosus (Linn) Jumping Ibid 49: 564.

Conant R, Collins, J T (1991): A field guide to Reptiles & amphibians: Eastern and Central North America. Houghton Miffin, Boston 450 pp. 48. Placas. ISBN 0-395-37022-1

D. P. Punde (2005). Cardiovascular Risk Burden in an Indian Industry 71 Management of snake-bite in rural Maharashtra: A 10-year experience.

Dubinsky, I (1996): Mordedura de serpente de chocalho num paciente com alergia a cavalos e doença de marcas não silvestres: Relato de caso (PDF) Can farm physician. 42: 220711. PMID 8939322.

Emest, Cart, George R, Zug, Molly Dwyer, Griffin (1996): Snakes in Question. The Smithsonian Answer, Book, Washington D.C. p. 202. ISBN 1-56098-648-4

Evans, G.H. (1906): Reprodução do krait de faixas (*Bungarus fasciatus*) na Birmânia. J.BNHS. 16: 519-520.

Flynn, Eugene (2002): Flynn dos meis orientais. A Cobra. Viagens Fabulosas. Recuperado em 2007- 11-26.

Fraser, A.G.L. (1937): The snakes of Deolali. IBID 39:464-501.

G.T.Paliwal e S.V.Bhandarkar (2014). Diversidade de peixes exóticos no reservatório de Navegaonbandh com referência ao impacto negativo de Anabas (Anabantidae) na biodiversidade. Int.J.Curr.Microbiol.App.Sci.3(8) 592-597

Gray, J. (1946): "The mechanism of locomotion in snakes" [O mecanismo de locomoção das serpentes]. Journal of Experimental Biology 23(2). 101-120 PMID. 20281580

Gray, J. Lissman (1953): Propulsão ondulatória. Quarterly Journal of microscopial science. 94: 551-578.

Haast, W.E. & M.L., Werner (1953): A segunda serpente mais venenosa do mundo. Amer. J. of Trop Med Hygine 4(6): 1135-1137.

Hider R.C, Karlsson E, Namiraman S. Separação e purificação de toxinas de venenos de serpentes. In: Harley A.L, [Ed.]. Snake toxins. Pergamon Press, Nova Iorque 1991; 1-34.

Hitchcock, G. 2008. Perca trepadora (Anabas Testudeneus) (Perciformes: Anabantidae) na ilha Saibai. Noroeste do Estreito de Torres: primeiro registo australiano deste peixe exótico. *Memórias do Museu de Queensland.* 52 (2): 207-2011

Holan, J. Alan (2000): Fossil snakes of North America (Terceira ed.) Bloomington. IN: Indiana University press pp. 284-323. ISBN 0253337216

Hutton, Angus F. (1949): Notes on Snakes & Mammals of High wavy mountains, Madhura dt., S. India. J. BNHS. 48: 454-460.

Jayne, B. C. (1986): "Cinemática da locomoção de serpentes terrestres". Copeia 1986 (4): 915-927. JSTOR. 1445288.

Kerrigan KR. Picada de cobra venenosa no leste do Equador. Amer. J. trop. Med. Hyg 1991; 44: 93-99.

Kohinoor A.H.M, Jahan D.A., Khan M.M., Ahmed S.U., Hussain MG (2010). Criação, produção de sementes e tecnologia de cultura de peixes koi. Manual de Extensão No.39. Instituto das Pescas do Bangladesh. Estação de Água Doce, Mymensingh. pp.16

Kunte, Krushnamesh (1998): *Ahaetulla nasuta* alimentando-se de girinos. Ibid 22: 125-128.

Lahirii, R.K. (1955): Uma Pitão branca. Ibid. 53: 135-136.

Lawrence, D. 1995. Estudo da área de Lower Fly. Relatório n.º 9 do programa de monitorização social de Ok-Fly. Relatório elaborado para a Ok Tedi Mining Limited. (Unisearch PNG Pty Ltd: Port Moresby).

Mader, Douglas (1995): "Reptilian Anatomy" Reptilies 3 (2): 84-93.

Mahrtens, J M. (1987): Living snakes of the world in color. Nova Iorque: stering publishers 480 pp. ISBN 08069-6460-X.

Mc Arthur, A.G. (1922): A Pythons long fast. Ibid 28: 1142-1143.

Miller, S (eds) Papua New Guinea country study on biological diversity. (Department of Environment and Conservation: Waigani, Papua Nova Guiné).

Miller, S., Hyslop, E., Kula, G. e Burrows, I. 1995. Status of biodiversity in PNG. Pp 67-95. Em Sekhren, N. e

Mohapatra B, Warrell DA, Suraweera W, et al. Snakebite Mortality in India: A Nationally Representative Mortality Survey. Gyapong JO, ed. PLoS Neglected Tropical Diseases. 2011; 5(4):e1018. doi:10.1371/journal.pntd.0001018.

Nagaraju K, Kannappan N e Gopinath K: Inquérito sobre o padrão de casos de picada de cobra admitidos em hospitais de cuidados terciários do sul da Índia. Int J Pharm Sci Res 2015; 6(10): 4362-67.doi: 10.13040/IJPSR.0975-8232.6(10).4362- 67.

Perkins, Sid, (2015): "Fósseis das cobras mais antigas conhecidas desenterrados". Notícias sciencemag.org.

Rivas, Jesus Antonio (2000): The life history of the green anaconda (Eunecter murinus), with emphasis on its reproductive Biology. Tese de doutoramento da Universidade do Tennessee.

Sethna, K.R. (1958): Acasalamento de cobras-rato. J-BNHS. 55: 173-174.

Shine, Richard, Langlade Tracy, Mason, Robert T (2004): Tácticas de cortejo em serpentes qurter: Como é que a morfologia e o comportamento de um macho influenciam o seu sucesso no acasalamento? Animal Behavior 67 (3) 477-83

Simon, E.S. (1944): Breeding habits of the Cobra (*Naja tripudians*) and green whip snake (*Dryophis musterizans*) Ibid 44: 480-481.

Sinha, Kounteya (2006): "Não mais a terra dos Encantadores de Serpentes". The Times of India.

Snake charmers bultt: International Wildlife Encyclopedia, 3rd edition page 482.

Storey, A. W., I. D. Roderick, I. D., Smith, R. E. W. e Maie, A. Y. 2002. Spread of the introduced Climbing Pearch (*Anabas testudineus*) in the Fly River system, Papua Nova Guiné, with comments on possible ecological effects. Jornal Internacional de Ecologia e Ciências Ambientais 28 (2): 103-114

Vivek kumar Vyas, Keyur Brahmbatt Ustav Parmar, Brahmhatt, Bhatt, Parmar (2012): A Potencial terapêutico do veneno de cobra na terapia do cancro. Perspetiva atual. Revista do pacífico asiático de medicina tropical. 3 (2): 156162 PMID 23593597.

Walton, M., Jayne, B.C., Bannett, A.F.(1967): The energetic cost of limbless locomotion (O custo energético da locomoção sem membros). Science. 249 (4968): 524-527. PMID. 17735283

Whitaker, Romulus & Captain, Ashok (2004): Snakes of India. O guia de campo. 2004 pp. 11-13.

OMS "Envenenamento por picada de cobra" Organização Mundial de Saúde. Recuperado em 2017. 10-27.

OMS As 17 doenças tropicais negligenciadas. OMS Obtido em 24 de outubro de 2014.

Wrenicke, C.J. T (1955): Pythons. J. BNHS. 53: 134-135.

A VIDA DAS SERPENTES

Biodiversidade e conservação no leste de Maharashtra

Autores:

Dr. Gopal T. Paliwal

Professor Assistente e Diretor,

Departamento de Zoologia,

Colégio Sivprasad Sadanand Jaiswal, Arjuni/Mor.

Distrito de Gondia

Dr. Sudhir V. Bhandarkar

Professor Assistente e Diretor,

Departamento de Zoologia,

Colégio Manoharbhai Patel, Deori Dist. Gondia

MIX
Papier aus verantwortungsvollen Quellen
Paper from responsible sources
FSC® C105338

FSC
www.fsc.org

Printed by Books on Demand GmbH, Norderstedt / Germany